Director de colección

Patricio Garrahan

COLECCIÓN CIENCIA JOVEN 34

La razón de las hormonas

El porqué de las glándulas endocrinas

Ernesto J. Podestá

50 años
libros para todos
eudeba

eudeba

Podestá, Ernesto L.
La razón de las hormonas : el porque de las glándulas endocrinas. - 1a ed. - Buenos Aires : Eudeba, 2008.
128 p. : il. ; 20x14 cm. (Ciencia joven dirigida por Patricio Garrahan)

ISBN 978-950-23-1625-3

1. Medicina-Investigación. I. Título
CDD 610.7

Eudeba
Universidad de Buenos Aires

1ª edición: agosto de 2008

Av. Rivadavia 1571/73 (1033) Ciudad de Buenos Aires
Tel.: 4383-8025 / Fax: 4383-2202
www.eudeba.com.ar

Imagen de tapa: *Ariel Octavio Ahumada Álvarez*
Diagramación general: *Félix C. Lucas*

Impreso en Argentina
Hecho el depósito que establece la ley 11.723

Prólogo

Este libro forma parte de una colección denominada "Ciencia Joven" y está dirigido a todos aquellos que deseen incrementar sus conocimientos del papel que tienen las hormonas en el funcionamiento de un organismo altamente desarrollado como es el ser humano. Está escrito de tal forma que sirva para dar información desde lo elemental hasta introducirse en los mecanismos íntimos de cómo una hormona puede generar respuestas específicas que controlan la función de las células

Es por ello que puede ser útil para los estudiantes que tengan como proyecto introducirse en las Ciencias Biomédicas y relacionadas tales como Medicina, Bioquímica, Odontología, Veterinaria y Agronomía o quieran entender la regulación del crecimiento y diferenciación celular teniendo como proyecto el estudio de las Ciencias Biológicas. La información de alguno de los capítulos de este libro se complementará con los libros de la colección "Ciencia Joven" y en conjunto se podrá tener una idea bastante fiel de cómo las glándulas endocrinas y las hormonas que ellas sintetizan son un elemento importante para el funcionamiento de las células, los tejidos y el organismo en un todo. Es bueno recordar que las patologías en este siglo se las puede denominar como enfermedades de moléculas. En toda patología una molécula por falla en su síntesis o en su degradación o en su acción será la causante de dicha patología. Esta falla estará localizada a nivel genético por ausencia o mutación de algún gen que contribuya a alguna de las instancias necesarias para que esta molécula exista y se comporte en forma adecuada. Cuando la falla de este gen se produzca en la línea germinal, esta patología será hereditaria; cuando esta falla se produzca en células somáticas, la patología nacerá y terminará con ese individuo. El conocimiento del comportamiento de las moléculas esenciales para la regulación de la función celular es fundamental para entender la patología y poder resolverla, para ser una base de futuras investigaciones y para que finalmente se puedan utilizar estos conocimientos para mejorar la calidad de vida de la gente.

Es mi deseo que disfruten de esta lectura y que los incentive para profundizar en este campo, muy buena fortuna y hasta la próxima hormona.

Agradezco la asistencia técnica de la señorita Flavia Meuli, a la Universidad de Buenos Aires y al Consejo de Investigaciones Científicas y Tecnológicas por haber contribuido a volcar mis conocimientos en este libro de la Editorial Eudeba.

1. Hormonas

Se denomina Endocrinología al estudio de las glándulas endocrinas y a las hormonas que son sintetizadas o fabricadas por estas glándulas, para ser liberadas al torrente circulatorio y cumplir con sus actividades en los diferentes tejidos del organismo.

Las hormonas son esenciales para numerosos procesos fisiológicos que mantienen en funcionamiento y con salud a los seres vivos altamente organizados, como los son los mamíferos incluido el hombre. El mal funcionamiento hormonal o de algunas de las glándulas que fabrican las hormonas puede generar desórdenes hormonales en todas las etapas de la vida humana.

A los tejidos en los cuales las hormonas cumplen su efecto se los denominan órganos o tejidos blancos hormonales, asemejando al hecho que cada una de las hormonas tiene lugares específicos y estratégicos en donde actuar o ejercer su función. Esta función está directamente relacionada con una función de este tejido u órgano blanco.

Luego de leer el párrafo anterior, el lector se puede preguntar cómo hacen las hormonas para identificar al blanco. En este caso no sería utilizar un blanco de ataque, sino todo lo contrario, sería de bienvenida para que este blanco (tejido) se beneficie por esta llegada de la hormona. La respuesta al interrogante planteado está dada por el hecho que en los tejidos en los cuales las hormonas tienen que cumplir su función hay moléculas que hacen que estas hormonas se detengan en esos tejidos en forma bastante específica o selectiva. En otras palabras existen entidades que reconocen a estas hormonas e interactúan con ellas. Esta interacción se puede asemejar a que cada uno de nosotros tenemos la llave específica para entrar en nuestras viviendas y sólo podremos entrar los que tengamos esa llave. En este caso la llave sería la hormona y la cerradura sería esa molécula específica en cada tejido que ahora comenzaremos a denominarla "receptor".

En forma clásica a las hormonas se las ha denominado como mensajeros químicos que son fabricadas en las glándulas endocrinas para ejercer su función a distancia. O sea viajar por el torrente circulatorio hasta alcanzar el tejido en el cual tiene que actuar. Esta definición todavía sigue en vigencia, pero deberíamos agregar otras posibilidades de trabajo de estos mensajeros químicos.

Estas posibilidades son que estas hormonas también pueden trabajar a distancias cortas. Tan cortas que pueden ejercer su función en células vecinas del mismo tejido o más aún ser fabricadas por un tejido y ejercer su función en células del mismo tejido. A estas funciones se las denomina paracrinas y autocrinas respectivamente.

El sistema endócrino (del griego *endon* –dentro– y *krimen* –separado–) y el sistema nervioso son los máximos controladores del flujo de información entre las diferentes células y tejidos del organismo. El término endócrino significa secreción interna de sustancias o moléculas bioactivas. El sistema endócrino utiliza la secreción interna de hormonas a la circulación, para llevar una señal, que luego se traduce en información a los diferentes tejidos a través del receptor hormonal.

Este sistema de secreción hormonal está sujeto a un complejo mecanismo de regulación que incluye la acción de los receptores, la síntesis de las hormonas, la liberación, el transporte, el metabolismo y la acción en los tejidos, que incluye la interacción de las hormona con las células y su efecto.

Como hemos mencionado el sistema endócrino utiliza a las hormonas para brindar información a los diferentes tejidos Las hormonas son sintetizadas y liberadas por la glándulas endocrinas. A continuación daremos la composición química de las hormonas y una lista de las principales glándulas y las hormonas que sintetizan y liberan al torrente circulatorio.

Según su composición química, las hormonas son moléculas biológicas cuyas estructuras pueden ser polipeptídicas (proteínas), incluyendo glicoproteínas, o derivada de péptidos y derivadas de aminoácidos y de lípidos. Las hormonas polipeptídicas provienen de la trascripción de genes y la traducción de los respectivos ácidos ribonucleicos, ARN mensajeros o ARNm. Las derivadas de aminoácidos son las catecolaminas y las hormonas tiroideas y las derivadas de lípidos son los esteroides y la vitamina D que derivan del colesterol.

De acuerdo con su sitio de interés y de acción, las hormonas pueden componerse:

1. Autocrinas: actúan en la misma célula que la sintetiza, por ejemplo, el factor de crecimiento insulino-símil que actúa en el crecimiento celular.
2. Paracrinas: se sintetizan en un tipo celular y actúan en otro tipo celular vecino, por ejemplo la insulina se sintetiza en las células beta del páncreas y actúa en las células alfa del mismo tejido regulando la síntesis del glucagon.
3. Endocrinas: se sintetizan en un tejido y son liberadas a la circulación para actuar en tejidos lejanos, por ejemplo, la hormona luteinizante, se sintetiza en la hipófisis y actúa en las gónadas.

4. Neuroendocrinas: es una mezcla de secreción paracrina y endocrina. Se pueden sintetizar en células nerviosas y actuar en células vecinas o también en tejidos distantes.

Las principales glándulas del ser humano son:

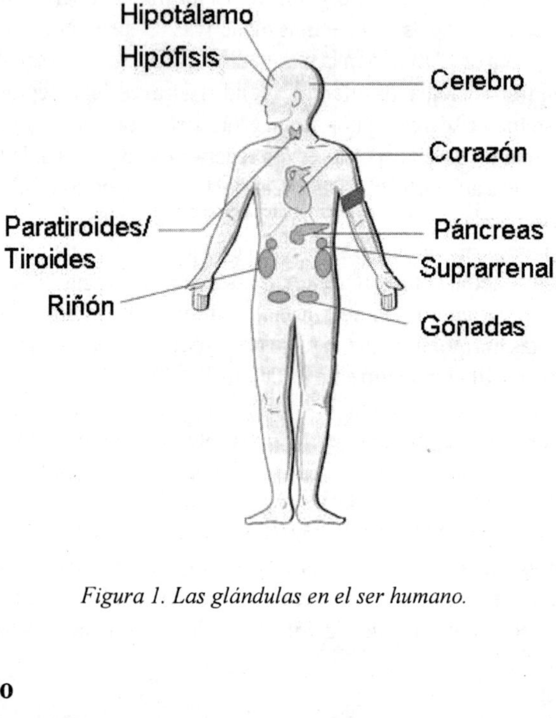

Figura 1. Las glándulas en el ser humano.

a. Cerebro

Les parecerá extraño que consideremos el cerebro como una glándula, pero verán que gran parte del mismo se comporta como una glándula. Cabe señalar que las glándulas no solo pueden cumplir su función como fabricadoras de hormonas, si no también pueden ser blancos de otras hormonas. En el caso del cerebro este cumple con estas dos premisas. Además de ser el cerebro el controlador del sistema nervioso, es una de las principales glándulas del organismo.

Células especializadas del cerebro, particularmente en una región que se denomina "hipotálamo", fabrican hormonas también denominadas factores de liberación hormonal que son transportadas a lo largo de los axones (parte integrante de las neuronas, principales células del tejido nervioso) a las terminales nerviosas. En estas terminales nerviosas que trabajan como un correo de distribución, estas hormonas son secretadas o derramadas en un sistema denominado "sistema portal". Este sistema compuesto acarrea a estas hormonas a la glándula pituitaria también denominada hipófisis. En esta glándula es en la que se sintetizan las hormonas denominadas hormonas de la hipófisis que son las encargadas de mantener numerosas funciones en todo el organismo. En algunos casos inclusive las células nerviosas del hipotálamo pueden conectarse directamente con la hipófisis a través de prolongaciones nerviosas.

Las principales hormonas del hipotálamo:

1. Factor liberador de corticotropina (CRH): estas siglas proviene de las iniciales en el idioma inglés (*Corticotropin Releasing Factor*). Generalmente, los descubrimientos de nuevas hormonas se publican en revistas científicas internacionales y es por ello que casi todas al comienzo se conocen por su nombre y abreviatura en inglés. Esta hormona tiene como función la de estimular la fabricación o síntesis y liberación de la hormona hipofisaria adrenocorticotropina también conocida como ACTH que controla principalmente la función de la glándula adrenal.
2. Dopamina: tiene como función la de inhibir la síntesis y liberación de otra hormona hipofisaria, la prolactina.
3. Factor liberador de hormona de crecimiento (GHRH): regula la síntesis y liberación de la hormona de crecimiento en la hipófisis.
4. Somatoestatina: inhibe la liberación de hormona de crecimiento en la hipófisis.
5. Factor liberador de gonadotropinas: tiene como función la fabricación y liberación de las hormonas hipofisarias, foliculoestimulante (FSH) y luteinizante (LH) con acción principalmente a nivel de las gonadas.
6. Factor liberador de tirotropina (TRH): tiene como función la fabricación y liberación de la hormona hipopofisaria tirotropina (TSH) principal regulador de la función tiroidea.
7. Oxitocina: tiene la función de hacer secretar leche de la glándula mamaria durante el posparto y de producir la contracción del útero en el parto. Se sintetiza en el hipotálamo y se deposita en la hipófisis posterior hasta ser liberada.
8. Vasopresina: es una hormona antidiurética (ADH) que produce la reabsorción del agua en los túbulos renales. Es por ello que se la llama antidiurética, una palabra opuesta a diuresis que es la eliminación del

agua por la orina. Se sintetiza en el hipotálamo pero se almacena en la hipófisis al igual que la oxitocina.

b. Glándula pituitaria o hipófisis

Esta glándula está compuesta por dos partes llamadas lóbulos por sus características de tamaño y forma. El lóbulo anterior y el lóbulo posterior. Estas partes tienen ancestros diferentes o sea que derivan de diferentes orígenes embriológicos. En animales existe un lóbulo llamado intermedio que se ubica entre estos dos lóbulos el anterior y el posterior.

Las principales hormonas de la glándula hipofisaria ya se han introducido durante la descripción de la función de las hormonas hipotalámicas. Ellas son:

1. Pituitaria anterior

1.1. La adrenocorticotropina (ACTH): tiene la función de mantener el crecimiento y desarrollo de la glándula adrenal y la de fabricar las hormonas de la corteza adrenal. Estas hormonas pertenecen al grupo de los esteroides siendo los glucocorticoides los principales esteroides inducidos por esta hormona, además también de los andrógenos y mineralocorticoides, aunque estos últimos en menor proporción.

1.2. La hormona foliculoestimulante (FSH): tiene como función la de promover la espermatogenesis o sea la generación de espermatozoides en el sexo masculino y la de madurar los folículos en los ovarios en el sexo femenino. Los espermatozoides son las gametas masculinas y los óvulos generados en los folículos del ovario son las gametas femeninas. La fecundación de los espermatozoides con los óvulos produce el huevo o cigota que originara el desarrollo de un ser vivo.

1.3. La hormona luteinizante (LH): promueve en el sexo masculino la fabricación de esteroides sexuales en las células de Leydig del testículo. Estos se denominan andrógenos, siendo el principal la testosterona. En el sexo femenino, en el ovario, produce la ruptura folicular y la ovulación y la secreción de esteroides en el cuerpo lúteo siendo el principal la progesterona.

1.4. Prolactina: promueve la lactancia y podría tener una función inmunomodulatoria.

1.5. Tirotropina (TSH): promueve la síntesis y liberación de las hormonas tiroideas por la glándula tiroidea, siendo las principales hormonas la tiroxina y la triiodotironina.

1.6. Hormona de Crecimiento (GH): también llamada somatotropina, promueve el crecimiento del músculo y huesos.

2. Pituitaria posterior

2.1. Como se mencionó anteriormente las hormonas oxitocina y vasopresina se liberan de la hipófisis posterior aunque sean sintetizadas en el hipotálamo.

c. Glándula tiroidea

Está ubicada justo en el frente de la tráquea en los humanos. Las células productoras de las hormonas tiroideas se disponen en folículos y concentran yodo el que se usa para la síntesis de las hormonas tiroideas. Estas son: tiroxina, también denominada T4 y la tri-iodotironina o T3.

d. Glándula paratiroidea

Esta glándula está embebida en la tiroides y fabrica la hormona paratifoidea o PTH que controla el metabolismo del calcio y del fósforo.

También en la tiroides se encuentran las células parafoliculares que fabrican la hormona calcitonina que inhibe la reabsorción del calcio de los huesos.

e. Glándula adrenal

Está situada sobre los riñones y está compuesta por una corteza y una médula.

La *corteza* rodea la médula y está compuesta por tres zonas bien definidas. Desde el exterior al interior por la zona glomerulosa, la zona fasciculata y la zona reticularis. Cada una de las zonas de la corteza adrenal fabrica diferentes esteroides y dentro de ellos la zona glomerulosa fabrica principalmente a los mineralocorticoides, la zona fasciculata los glucocorticoides y la zona reticularis los andrógenos.

Los mineralocorticoides: el principal es la aldosterona teniendo como principal función la de regular el balance de agua y sales en el organismo.

Los glucocorticoides: el principal en humanos, el cortisol, está involucrado en el metabolismo de carbohidratos y en la respuesta al estrés como funciones principales.

Los andrógenos: el principal andrógeno fabricado y liberado por la adrenal es dehydroepiandrosterona y la 17-OH progesterona que modulan las características sexuales secundarias y tienen efectos anabólicos.

La *médula* fabrica las catecolaminas, adrenalina o epinefrina, la noradrenalina o norepinefrina y fabrica la dopamina.

La adrenalina regula la respuesta cardiovascular y metabólica al estrés.

La noradrenalina es el principal neurotransmisor en el sistema nervioso periférico.

La dopamina funciona como neurotransmisor en el sistema nervioso autónomo.

f. Páncreas endócrino

Está ubicado en forma de islotes en el páncreas exócrino, que se encuentra en la parte superior derecha del abdomen. El páncreas endócrino sintetiza y segrega:

Insulina: tiene como función principal la de regular el metabolismo de carbohidratos y de lípidos. También puede ejercer funciones en el crecimiento y la división celular.

Glucagon: su función principal la desarrolla regulando la degradación del glucógeno en el hígado para aportar glucosa al torrente circulatorio.

Somatostatina: regula la motilidad gastrointestinal.

Polipéptido pancreático: regula la secreción pancreática.

g. Ovarios

Es la mayor glándula que controla los procesos de reproducción en la mujer y produce las siguientes hormonas:

Estrógenos: regulan la función reproductiva y los caracteres sexuales secundarios femeninos. El principal estrógeno es el estradiol.

Progesterona: estimula el desarrollo de vasos sanguíneos en la superficie interna del útero (endometrio) y juega un papel importante en el mantenimiento del embarazo.

Relaxin: es un polipéptido que se encuentra también en placenta y útero y parece ser necesario durante el parto mediante su acción relajante de los ligamentos de la pelvis y teniendo acción sobre el cervix.

Inhibina: es la hormona que inhibe la síntesis de la hormona folículo estimulante.

h. Placenta

Es el órgano que trabaja en el desarrollo y mantenimiento del feto y produce las siguientes hormonas:

Gonadotropina corionica: mantiene la síntesis y secreción de progesterona. También se le ha otorgado alguna función en el sistema inmunológico.

Lactogeno placentario: cumple un papel similar al de la hormona de crecimiento.

Estriol: es una forma de estrógeno secretado por la placenta.

Progesterona: mantiene los órganos reproductores durante el embarazo.

Relaxin: mencionada anteriormente.

i. Testículos

Es la principal glándula del sistema reproductor masculino. Produce las siguientes hormonas:

Testosterona: es el principal andrógeno y se sintetiza en las células de Leydig del testículo. Su principal función es controlar la reproducción masculina y los caracteres sexuales secundarios.

Inhibina: ya mencionada anteriormente.

La hormona inhibitoria mulleriana: es una hormona fetal que desdiferencia el conducto Mulleriano.

Estradiol: este estrógeno se produce en las células de Sertoli.

j. Tracto gastrointestinal (GIT)

Es el órgano endócrino más grande. Produce varias hormonas autocrinas, paracrinas y endocrinas que intervienen en la digestión, a saber: colecistoquinina (CCK), péptido inhibidor gástrico o GIP, gástrina, neurotensina, secretina y sustancia P.

k. Tejido adiposo

Produce la hormona peptídica leptina que es importante en el control del balance entre el gasto de energía y la alimentación.

l. Riñón

Produce hormonas que regulan la presión arterial y la eritropoiesis. Ellas son:

Renina: cliva el angiotensinogeno en Angiotensina I en el riñón y en el plasma.

Eritropoietina: Estimula la producción de glóbulos rojos en la medula ósea.

Vitamina D: regula el metabolismo cálcico.

m. Glándula pineal

Produce melatonina que sincroniza el ritmo diario de sueño y vigilia con los períodos de luz y oscuridad.

Existen además algunos tejidos que sintetizan sustancias que se comportan como hormonas y tienen acciones endocrinas. Estos tejidos son: la piel, el hígado y el corazón. El corazón sintetiza el péptido natriurético, que aumenta la eliminación urinaria de sodio. Es importante mencionar a los macrófagos que sintetizan citoquinas y que desempeñan un papel importante en el sistema inmune.

1.1 Regulación de los niveles circulantes de las hormonas

La mayoría de las hormonas peptídicas circulan a bajas concentraciones (10^{-9} M) y no circulan unidas a otras proteínas, con la excepción de la hormona de crecimiento que puede circular unida a un péptido derivado de su receptor y la vasopresina y la oxitocina que circulan unidas a neurofisina. Por el contrario, las hormonas esteroideas las tiroideas y la vitamina D circulan unidas a proteínas plasmáticas. La proteína de unión a estas hormonas que se encuentra en mayor cantidad es la CBG, que une al cortisol y la progesterona. Esta abreviatura proviene de la sigla en inglés *Cortisol Binding Globulin* que significa "globulina de unión del cortisol". Luego tenemos a la proteína SHBG (*Steroid Hormone Binding Globulin*) que une testosterona y estradiol y a la proteína TBG (*Thyroid Hormone Binding Globulin*) que une a las hormonas tiroideas. La unión de estas proteínas a las hormonas es una unión no covalente (se realiza por uniones débiles por interacción de cargas y no por uniones químicas) y tienen como función transportarlas, ya que estas hormonas tienen baja solubilidad en agua y, además tiene la función de aumentar la vida media de las hormonas en sangre.

La fracción no unida a las proteínas es aquella que ingresa a la célula para interaccionar con el receptor hormonal para cumplir con su función. Esta fracción representa una porción baja de la cantidad de hormona circulante.

Las hormonas peptídicas tienen una vida media corta en circulación, variando en algunos casos de minutos (por ejemplo los factores hipotálamicos) a algunas horas como por ejemplo las glicoproteínas. La mayor forma de degradación de las hormonas peptídicas es a través de la internalización en la célula, vía su receptor y posterior proteólisis en los lisosomas.

Las hormonas esteroideas y la vitamina D pueden ser filtradas y reabsorbidas en el riñón y generalmente se eliminan como derivados del ácido glucurónido o como derivados con grupos sulfatos. Las hormonas tiroideas son eliminadas por deaminación y decarboxilación.

Las catecolaminas tienen una vida media muy corta cercana a los dos minutos y son degradadas por dos vías principales en las cuales intervienen dos enzimas la catecoltransferrasa y la monoaminooxidasa.

La combinación entre la síntesis y liberación de las hormonas y su metabolización y degradación determinan la cantidad de hormona circulante. Este balance estará determinado por los diferentes estímulos que se generen y que, principalmente, regulan la síntesis de hormonas.

1.2 Mecanismo de acción de las hormonas

Uno de los interrogantes más importantes en el área biomédica es conocer el mecanismo por el cual las células regulan su crecimiento y diferenciación, y de qué forma estos mecanismos dan lugar a la aparición de células anormales capaces de multiplicarse y acumularse perdiéndose el control habitual de su metabolismo y función generando, por ende, una patología.

La unidad de un tejido es la célula, de manera tal que el mal funcionamiento de las células de un tejido da lugar al mal funcionamiento del órgano al cual pertenece dicho tejido.

Por ejemplo, el mal funcionamiento de las células beta del páncreas podría dar lugar al mal funcionamiento del tejido, en lo que respecta a la síntesis y secreción de insulina. Este mal funcionamiento de la célula, que indefectiblemente se debe a una falla en la síntesis de alguna de sus moléculas derivara en una patología.

Es por ello que se debe tener en cuenta el concepto de que las enfermedades tienen su punto de partida en el mal funcionamiento de alguna maquinaria de síntesis o degradación de alguna molécula dada. Es así que en este siglo se puede definir a las diferentes patologías como "enfermedades de moléculas".

Las hormonas interactúan con sus respectivos tejidos blancos por intermedio de sus receptores que como ya mencionamos son proteínas que reconocen selectivamente a cada una de las hormonas. Existen varios tipos de receptores dependiendo de la naturaleza química de la hormona. Las hormonas son señales extracelulares que deben comunicarse con la célula. Es por ello que aquellas hormonas que tengan naturaleza química que no les permita atravesar la membrana plasmática tendrán su receptor en la membrana. Estas generalmente son las hormonas proteicas. Aquellas hormonas que sean solubles en lípidos y que puedan atravesar la membrana plasmática tendrán sus receptores en el interior de la célula, en el citoplasma o en el núcleo.

Generalmente, aquellos mensajes que surgen de la interacción entre la hormona y su receptor, que no tienen la necesidad de activar genes, producen la respuesta dentro de los segundos o minutos y son las llamadas respuestas rápidas o respuestas agudas. Las señales que necesitan la activación génica son respuestas más tardías y tardan horas en producir "su efecto". Tanto las hormonas proteicas como las esteroideas pueden generar respuestas rápidas y lentas. Recientemente se ha conocido que las hormonas esteroideas también pueden generar señales a través de la interacción con la membrana plasmática. Sin embargo, las moléculas con las cuales realiza esta interacción no son todavía conocidas.

2. Traducción de señales biológicas por receptores de membrana

2.1 Receptores de membrana

La evolución ha colocado en cada célula un conjunto de entidades en las que recaen la mayoría de los procesos de control de la función celular. Estas entidades son llamadas receptores.

Todas las formas de vida están constituidas por células. Estas son, en una simple descripción, compartimentos cerrados por una membrana y llenos de soluciones de sustancias químicas. Una simple forma de vida se ejemplifica como un conjunto de células que se prolongaron y dividieron. Sin embargo, en los organismos superiores existe la necesidad de que diferentes poblaciones de células se dividan en grupos desarrollando funciones especiales.

Estos grupos de células están ligados y comunicados por una red intrincada y compleja que da lugar a la formación de los tejidos y órganos, y al organismo superior.

La evolución de organismos multicelulares depende de la habilidad de sus células de expresar la información en varios caminos diferentes y funcionar cooperativamente como un mismo organismo.

Uno de los primeros desarrollos, probablemente, fue el epitelio en el cual las células se unen para formar láminas en hojas separando el interior del exterior del organismo. Luego estas células epiteliales, diferenciadas en forma primitiva, se cree que dieron lugar a las células nerviosas, musculares y conectivas.

Todas estas estructuras se encuentran hoy en día en animales muy simples. En la evolución de animales superiores se han desarrollado un número creciente de tipos celulares especializados.

Estos procesos dan lugar a la generación de dos sistemas, uno de ellos es el sistema inmunológico de vertebrados en el cual las células tienen la capacidad de producir millones de diferentes proteínas llamadas anticuerpos. El otro sistema es el nervioso. En los animales inferiores el modo de conexión entre las células nerviosas es más rígido que en animales superiores donde, en estos últimos, el sistema nervioso puede sufrir modificaciones (aprendizaje) como consecuencia de la capacidad de las células nerviosas de alterar sus conexiones en respuesta a una actividad eléctrica causada por influencias del entorno.

Un número grande de evidencias señalan la importancia de estas señales como reguladoras de la respuesta celular a los estímulos externos e internos. Un interés particular de la patología es el impacto de un desorden en función a la protección o regulación del balance metabólico que luego requiere la intervención de la farmacológica para restaurar dicho balance, cuando el organismo y los caminos regulatorios que aplica ese organismo están bloqueados o cortados.

Se reconoce en la década del ochenta que los receptores para hormonas, neurotransmisores, factores de crecimiento, toxinas, drogas, etc., son elementos fundamentales para la mayoría de los procesos que son regulables. Es por ello que en esta época, directa o indirectamente, los blancos de los esfuerzos terapéuticos para regular los desórdenes metabólicos, se orientaron hacia los receptores de membrana.

Uno de los principales esfuerzos de la medicina en diferentes patologías recae en el mantenimiento de la homeostasis (complejo proceso en el que intervienen distintos factores que se designa así desde fines del siglo XIX –del griego *homeos* (igual) y *statis* (permanecer constante)–), principalmente este esfuerzo tiene lugar en pacientes en terapia intensiva. En este contexto los receptores adrenérgicos juegan un papel fundamental y son el principal blanco de terapia. Alcanzar una óptima función cardiovascular es parte de los objetivos de una terapia intensiva.

Dentro de los agentes farmacológicos, los más utilizados actúan a través de los receptores adrenérgicos afectando el sistema circulatorio. La interacción con estos receptores se traduce en la regulación de varias funciones fisiológicas: vasoconstricción, relajación del músculo liso, efectos inotrópicos y cronotrópicos en sectores vasculares específicos, acción sobre el músculo bronquial liso, etc.

A su vez existen enfermedades que afectan directamente al receptor, antireceptor como, por ejemplo, el receptor de insulina, que incluye a anticuerpos que pueden actuar como antagonistas de la función hormonal o, en el caso del receptor para tirotrofina, en el que los anticuerpos actúan como antagonistas o agonistas de la hormona.

En la *Miastenia gravis* se encuentran anticuerpos contra el receptor de acetilcolina. En el síndrome de resistencia ovárica, se encuentran anticuerpos contra el receptor de la hormona folículo estimulante.

Es por todo lo expuesto que el conocimiento de la estructura y la función de los receptores es un camino imprescindible para el entendimiento de la fisiología y para la búsqueda de soluciones en la patología. El propósito de ubicar a estas moléculas (receptores) en membrana es poder activar mediante hormonas, neurotransmisores, etc., a una célula desde el espacio extracelular, permitiendo que se generen diversos procesos intracelulares que den lugar al control de la función de la célula.

Estos procesos que conducen de una señal (hormona) a una respuesta se llama "transducción de señales" y se realizan mediante la generación de los denominados "segundos mensajeros".

2.2 Concepto de receptor

El concepto de receptor, para por ejemplo una hormona, surgió hace tiempo con experimentos en los cuales se observaba que las células tenían la capacidad para captar y retener hormonas.

Esta retención seguía una serie de características que luego sirvieron para definir el concepto de receptor hormonal. Estas características eran: ser específico; ser selectivo, o sea reconocer a una sola hormona; poseer alta afinidad de unión por la hormona; ser rápidamente saturable, o sea poseer pocos sitios de unión a diferencia de lo observable con una proteína transportadora y ser funcional, o sea que luego de la interacción de la hormona con su receptor se debería desencadenar una respuesta celular típica para dicha hormona.

En la actualidad si bien todavía alguno de los requisitos mencionados siguen perteneciendo a un receptor hormonal, no es necesario que se cumplan todos ellos, pero si es necesario que uno de ellos esté presente siempre para que a una molécula se la denomine receptora de hormona. Este requisito es ser funcional: debe existir una función asociada a la interacción de la hormona con el receptor.

El concepto de receptor en la década del setenta indicaba que estos podían ser proteínas selectivas para un solo ligando, teniendo capacidad para generar una respuesta mediada por un solo segundo mensajero.

Luego de casi 35 años, el concepto ha cambiado y hoy se conoce que los receptores pueden tener diferentes moduladores y que posiblemente puedan generar señales diferentes de acuerdo con el tejido donde se encuentren o al estadio del ciclo celular que se encuentre la célula a la cual pertenece.

A los receptores se los puede dividir en dos grandes familias:

§ Aquellos que se ubican en la superficie externa de la mengana plasmática como moléculas intrínsecas de la membrana,
§ Aquellos que se ubican en el interior celular. Para fines prácticos se considerarán estos dos tipos mencionados, pero es bueno tener en

consideración que la mayoría de las divisiones esquemáticas que se pretenden realizar en biología no siempre se cumplen.

Los receptores de membrana son macromoléculas que poseen una constitución proteica por lo menos en la región que une a la hormona.

En general se puede denominar químicamente al receptor como una proteína con un sitio de unión para la hormona y sitios para generar la transducción de la señal biológica. Pero especialmente, para los receptores de membrana plasmática, todavía no se conoce si solamente la proteína es necesaria para cumplir su función o necesita del ambiente lipídico de la membrana celular para que la hormona active la célula.

Existen varias evidencias que indican la presencia de sistemas de receptores y de transducción de señales asociados a receptores en organismos muy diversos, además de la conocida existencia de los mismos en vertebrados.

Se conoce que los receptores para neurotransmisores existen en organismos que vivieron hace por lo menos 600 millones de años. Mientras que las enzimas de la síntesis y catabolismo de los neurotransmisores están presentes en organismos unicelulares, sólo se han encontrados receptores adrenérgicos y colinérgicos en organismos multicelulares en los que los receptores están asociados a funciones específicas de asociación y comunicación celular.

En insectos se demuestra la presencia de sustancias relacionadas a insulina, especialmente en elementos neurales. Se han descrito receptores para insulina en *Drosophila*, los cuales son similares a los encontrados en vertebrados en cuanto a su estructura, propiedades de reconocimiento de la insulina y estimulación de la actividad intrínseca de tirosina quinasa del receptor de insulina.

En moluscos se ha encontrado que la insulina tiene una acción en el tracto gastrointestinal. También se ha encontrado en plantas sustancias que se asemejan en su función a los segundos mensajeros en vertebrados, sugiriendo que este tipo de mecanismo tiene un origen en evolución muy temprano.

Existen numerosas sustancias semejantes a hormonas por ejemplo, en alfalfa se conocen sustancias relacionadas a TRH (Factor Liberador de Tirotrofina), en el trigo existen factores semejantes a los opioides, en el tabaco a interferón, en espinaca a insulina.

Inclusive se conoce que en levaduras hay sustancias semejantes al factor liberador de gonadotropinas. En el mismo sistema existen proteínas que unen estrógenos. En *Candida albicans*, otro tipo de levaduras se demuestra acción de glucocorticoides y acción de la hormona luteinizante, describiéndose además sitios de interacción con dicha hormona. Esta línea de pensamiento es muy interesante porque implica que "los fundamentos de la comunicación química y bioquímica son muy antiguos y que inicialmente los avances filogenéticos estuvieron fundamentados en muy pocas moléculas mensajeras".

Luego, la selección inicial probablemente trajo como consecuencia la asociación de estos sistemas de mensajeros con receptores, los que se cree se formaron con estructuras ya existentes y pertenecientes a membrana, capaces de adquirir configuraciones apropiadas para reconocer los estímulos externos.

Una evidencia de tal asociación que apoya esta teoría, la proporciona un organismo unicelular la *tetrahymena*.

La asociación filogenética de estas estructuras en organismos multicelulares tuvo la participación del sistema nervioso y la diversificación del sistema endócrino. Es así que células pluripotenciales de origen epitelial posiblemente fueran las primeras en asociar proteínas existentes en membrana para configurar las estructuras de receptores que se conocen en la actualidad.

2.3 Clasificación de los receptores de la membrana celular

Se puede realizar una clasificación amplia de los receptores de membrana en grandes familias, tales como:

- Aquellos que se asocian con proteína G,
- Aquellos que regulan el pasaje de iones a través de la membrana a través de canales iónicos (estos receptores también pueden asociarse con proteína G),
- Aquellos que presentan actividad de tirosina quinasa.

2.4 Proteína G: *GTP Proteínas*

Las protenías G son un conjunto de proteínas ubicadas dentro de una gran familia de proteínas que unen el guanosin trifosfato (GTP) y proteínas que unen nucleótidos de guanina (o *GTP Binding Proteins*) que incluyen proteínas codificadas por oncogenes (esto es por genes modificados que participan en la génesis del cáncer) y proteínas que intervienen en la síntesis de otras proteínas, tales como, los factores de iniciación y elongación.

Estas proteínas G son componentes fundamentales en los procesos de señales intracelulares ejercidas por acción de estímulos externos. Tienen como función la de permitir la comunicación entre el receptor de membrana y el sistema que ejecuta la respuesta, es por ello que se lo denomina transductor y a los sistemas en conjunto "Receptor- Proteína G-Efector" se los denomina sistemas transductores de señales.

Los receptores de membrana, a los cuales comunican, pertenecen a una familia de proteínas que tienen en común la característica de presentar siete regiones insolubles en agua (hidrofóbicas) en aquella parte de su molécula que atraviesa la membrana y se los denomina, como ya mencionamos 7TMS (*seven transmembrane-segments*).

Los sistemas efectores son generalmente enzimas y/o canales iónicos, los cuales producen los llamados segundos mensajeros. Entre lo efectores más importantes se encuentran las siguientes enzimas:

- Adenilato ciclasa
- Guanilato ciclasa
- Fosfolipasa C
- Fosfolipasa D
- Fosfolipasa A2

La enzima adenilato ciclasa transforma el ATP en AMP cíclico, la guanilato ciclasa transforma el GTP en GMP cíclico, la fosfolipasa C convierte los fosfoinositidos (lípidos que contienen inositol) en derivados fosforilados de inositol y diacilglicerol, la fosfolipasa D genera ácido fosfatídico y la fosfolipasa A2 libera ácido araquidónico de fosfolípidos. El AMP cíclico, el GMP cíclico, el diacilglicerol, los derivados fosforilados del inositol, el ácido fosfatídico y el ácido araquidónico son los llamados segundos mensajeros.

En el esquema siguiente se muestra la cascada de eventos mencionada anteriormente que se inicia con la interacción del agonista con el receptor de membrana.

AGONISTA

↓

RECEPTOR

↓

PROTEINA G

↓

EFECTOR

Figura 2. Esquema de la cascada de eventos se inicia con la interacción del agonista con el receptor de membrana.

Las proteínas G están constituidas por tres subunidades distintas: la subunidad alfa, la subunidad beta y la subunidad gamma. Existen descritas más de diez proteínas G, las cuales están interactuando con un número muy grande de receptores para generar los mencionados segundos mensajeros.

La masa molecular de la subunidad alfa varía entre 39 y 41 kDa, la subunidad beta entre 35 y 36 kDa y la subunidad gamma entre 40 y 45 kDa.

La subunidad alfa tiene 350-380 aminoácidos, la subunidad beta 340 y la subunidad gamma entre 368 y 375.

Las proteínas G fueron descubiertas por la capacidad de ser ADP ribosiladas por toxinas; una de las más utilizadas para demostrar esta propiedad es la toxina colérica (la ADP- ribosilación es una transferencia de ADP- ribosilo del NAD^+ a proteína G).

Se han descrito hasta ahora 16 genes para la subunidad alfa, cuatro genes para la subunidad beta y cinco genes para la subunidad gamma.

A pesar de existir un gran número de proteínas G todas presentan una alta homología (alta homología entre proteínas significa una secuencia de aminoácidos equivalentes).

La homología entre las diferentes proteínas G varía entre 30 a 60%, sin embargo la homología entre proteínas G de diferentes especies es aún más alta.

Esto significa que son proteínas altamente conservadas por la evolución que forman parte de un sistema de transducción de señales también muy conservado.

En la proteína G denominada Gs, la cual pertenece al sistema de transducciones de señales de membrana que estimula la enzima adenilato ciclasa, generando el segundo mensajero AMP-cíclico, la diferencia entre la subunidad alfa del humano y la rata es de solo un aminoácido. La proteína G que inhibe la adenilato ciclasa llamada Gi, es idéntica en humanos y en bovinos.

Esta alta conservación de secuencias en mamíferos, podría indicar una alta selectividad en evolución para permitir el mantenimiento de diferentes papeles funcionales para la gran variedad de proteínas G.

La función de estas proteínas como transductoras de señales mediadas por receptores, hace pensar que estas proteínas estarían localizadas solamente en la membrana plasmática. Sin embargo, estudios recientes indican que este tipo de proteínas está distribuida en varias regiones de la célula.

Esto abre una hipótesis que indica que estas proteínas quizás podrían ejercer otras funciones en otras regiones además de la membrana.

El mecanismo de activación de las proteínas G se realiza de la siguiente forma: cuando una hormona agonista se une a un receptor de membrana, este receptor interactúa con las proteínas G por un mecanismo aún no conocido, en el cual intervendrían los dominios hidrofóbicos transmembrana del receptor y el dominio intracelular; esta interacción produce la disociación de la subunidad alfa del dímero beta/gamma.

Esta subunidad alfa libre es la encargada de interactuar con los sistemas efectores y activarlos.

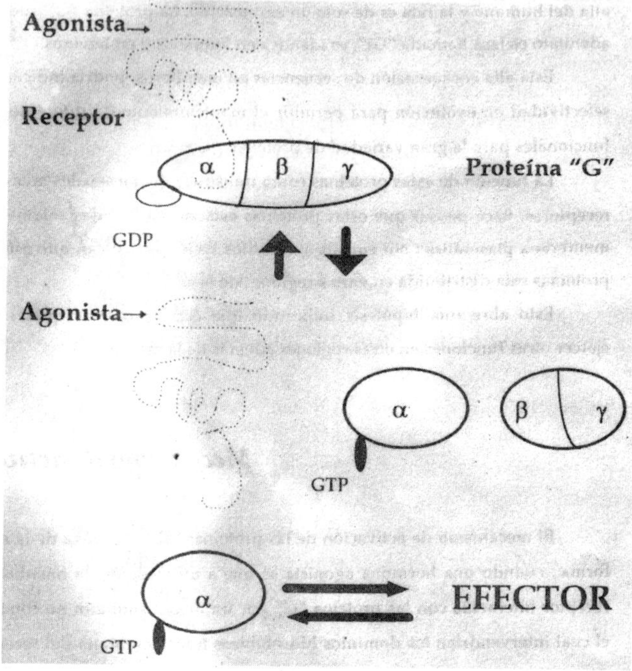

Figura 3. Mecanismo de activación de las proteínas G.

Definimos como hormona agonista a toda sustancia que ejerce un efecto activador al unirse al receptor.

Estos agonistas pueden ser las mismas hormonas, neurotransmisores, toxinas o derivados químicos de las mismas.

Se denomina antagonista hormonal, a una sustancia que produce por ejemplo, un bloqueo del receptor no permitiendo su activación.

Este concepto es referido para la activación de receptores de membrana o al bloqueo de dicha activación.

En el mecanismo de activación de la proteína G intervienen además del receptor y el agonista, el guanosindifosfato (GDP) y el guanosintrifosfato (GTP).

Cuando las tres subunidades están interactuando entre sí tienen unido el GDP; al producirse la activación se produce el intercambio del GDP por GTP dando lugar a la disociación entre la subunidad alfa y el dímero beta/gamma.

El circuito de activación se cierra cuando el receptor deja de estar ocupado por el agonista reasociándose nuevamente las tres subunidades.

Una enzima denominada GTP-asa que es intrínseca de la subunidad alfa transforma al GTP en GDP, este paso es esencial para que se reasocien las tres subunidades.

El receptor actuaría catalíticamente para mediar el intercambio de GDP por GTP en el sitio de unión de nucleótidos de guanina en las proteínas G. Las subunidades alfa contiene el sitio de unión para los nucleótidos de guanina. Como se mencionó anteriormente, esta subunidad en el estadio no activo une GDP.

En presencia del apropiado agonista u hormona, el receptor cataliza el intercambio. La unión de GTP a la subunidad alfa provoca la disociación entre la subunidad alfa y el dímero beta/gamma.

El complejo alfa-GTP regula la actividad de enzimas específicas, por ejemplo, la adenilato ciclasa, la fosfolipasa y también regula la actividad de canales iónicos.

Recordemos que para cada enzima existiría un tipo diferente de proteína G. En la figura siguiente se muestra un esquema de la activación de la proteína G para la formación de segundos mensajeros.

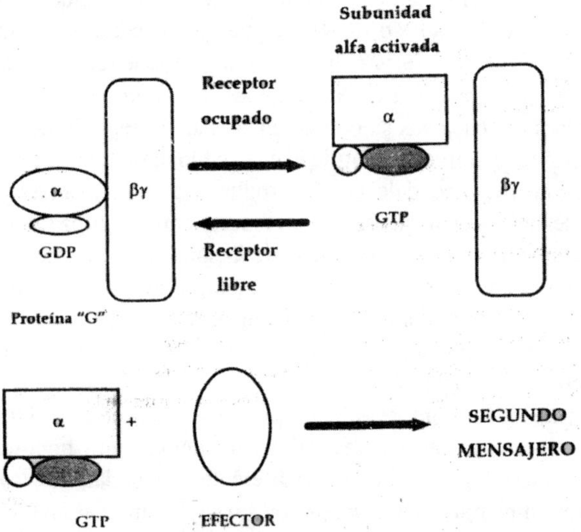

Figura 4. Activación de proteína G y formación de segundos mensajeros.

La subunidad alfa, como se ha mencionado, tiene además una actividad enzimática intrínseca. Esta actividad es la de hidrolizar al GTP para transformarlo en GDP. Esta actividad se denomina GTP-asa. Luego de esta reacción el complejo subunidad alfa-GDP se reasocia con el dímero beta/gamma para formar el trímero inactivo.

En caso que el receptor permanezca ocupado por la hormona o el agonista, el ciclo de activación continuará. Cuando se saca el agonista por difusión, captación, internalización o degradación se produce el cierre del ciclo y la desactivación del sistema.

Al dímero beta/gamma no se le había atribuido función alguna salvo la de mantener inhibida a la subunidad alfa; experimentos muy recientes demuestran que el dímero beta/gamma también podría intervenir en la formación de segundos mensajeros.

Los dímeros beta/gamma de las diferentes proteínas G son altamente homólogos y por lo menos en estudios *in vivo* pueden ser intercambiables y reconocer subunidades alfa de diferentes proteínas G. Esto sugiere que el nivel intracelular del dímero beta/gamma en las células pueden regular los estadios de activación de dicha célula.

Este sistema de transducción de señales se lo encuentra además de los humanos en vertebrados no mamíferos, en invertebrados, en levaduras y en plantas.

Teniendo en cuenta las distancias en tiempo dada por la evolución, es sorprendente la gran conservación en algunas secuencias de las diferentes subunidades de la proteína G. Para algunas de las proteínas G no sólo se han conservado las secuencias sino también se han conservado las funciones.

Daremos un ejemplo de la utilidad en el conocimiento de este tipo de mecanismos. En la enfermedad del cólera, producida por el *Vibrion colérico*, se produce una deshidratación muy severa. El mecanismo que utiliza la toxina colérica es inhibir la actividad de la GTP-asa de la subunidad alfa de la proteína Gs, dando lugar a que esta subunidad esté siempre activa y estimule la enzima adenilato ciclasa, formadora del segundo mensajero, el AMP-cíclico. Como consecuencia de este aumento en el intestino se genera una pérdida de agua y sales y, por ende, la deshidratación.

Dentro de las subunidades alfa de las diferentes proteínas G todas ellas son proteínas muy conservadas a través de la evolución y muy homólogas entre sí. La que más homología tiene entre las diferentes subunidades es la alfa de la Gs.

Los dominios muy conservados son los de la unión al GDP-GTP que por ejemplo corresponden a los dominios dados por aminoácidos en posición 39 a 56; 223 a 226; 243 a 253; 288 a 299. Estos diferentes aminoácidos en la estructura tridimensional confieren un espacio que interacciona con el GDP-GTP.

Interacción proteína-receptor efector

Varios investigadores han realizado modelos de conformación sobre la base de la predicción de la estructura secundaria y terciaria de la subunidad alfa conociendo la secuencia primaria. Luego esta estructura puede ser estudiada en la proteína cristalizada.

En la figura siguiente se esquematiza la interacción de la proteína alfa de la proteína Gs con el receptor y el efector.

Este esquema está diseñado considerándose solamente la estructura espacial o tridimensional de la subunidad alfa, mirando la proteína desde el interior de la célula.

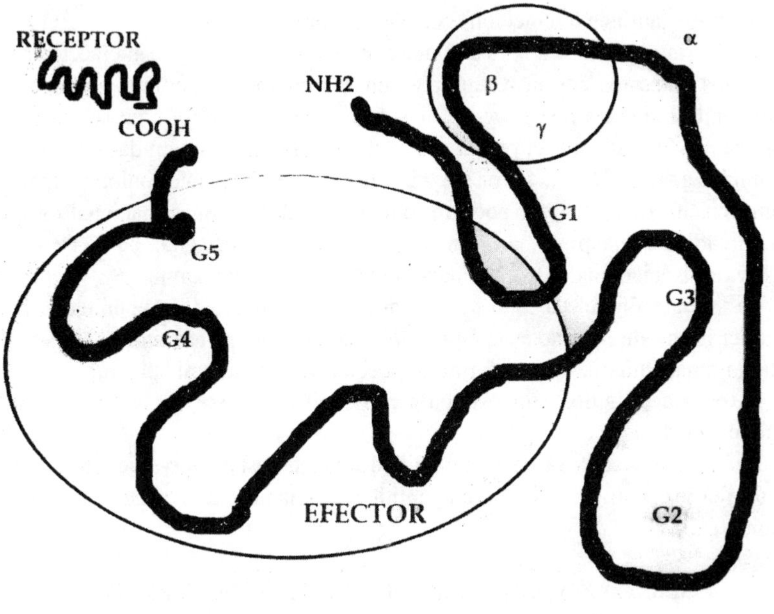

Figura 5. Estructura esquemática de la interacción espacial de la subunidad alfa de la proteína G con el dímero beta-gamma, el receptor y el efector.

Sobre la base de estos estudios se conoce que en el corazón de la estructura de esta proteína se encontraría el sitio de interacción de la ribosa, el fosfato y la base guanina (la interacción se realiza en el especio comprendido entre el dominio G3 y G4).

Este corazón está formado por cuatro secuencias muy conservadas en evolución y entre diferentes especies (G1 a G4 del esquema). Estas secuencias le dan propiedades particulares a la subunidad alfa entre las cuales está incluida la interacción con el dímero beta/gamma, con el receptor y con el efector o subunidad catalítica de la enzima a estimular (ver el esquema en el que se dibuja la subunidad alfa extendida en el espacio y su relación con el receptor y el efector).

El carboxilo y el amino terminal, en la conformación espacial de la membrana, están muy próximos y mirando hacia el comportamiento extracelular, mientras que el sitio con el GDP-GTP está mirando hacia el citoplasma.

La porción amino terminal sería la que intervendría en la interacción con el dímero beta/gamma y la porción carboxilo terminal con el receptor. El dímero beta/gamma también interacciona con el receptor.

La proximidad del carboxilo terminal con el amino terminal y la interacción de estos dos extremos con el receptor y con el dímero beta/gamma conduce a elaborar la hipótesis que el receptor y la proteína G forman una estructura cuaternaria formada por el receptor, la subunidad alfa, la subunidad beta y la subunidad gamma. De esta forma se podría aceptar que un cambio conformacional (dimerización) del receptor podría producir un cambio conformacional en la subunidad alfa de la proteína G que permitiría el cambio de GDP por GTP y la posterior disociación de la subunidad alfa del dímero beta/gamma.

La interacción del receptor con el carboxilo-terminal en la subunidad alfa produciría un estiramiento en la molécula alejando al amino terminal del dímero beta/gamma, para que de esta forma se pueda liberar la subunidad alfa.

Estos mecanismos son especulativos sobre la base de la estructura tridimensional.

Existe una secuencia en la subunidad alfa que estaría involucrada en la unión del grupo fosfato de los nucleótidos de guanina. Esta secuencia es la siguiente:

GLICINA X-X-X-X-GLICINA-LISINA-SERINA O TREONINA
"X" está representado por cualquier aminoácido

La secuencia involucrada en el cambio de GDP por GTP sería:

VALINA-GLICINA-GLICINA-GLUTAMATO

Esta secuencia también estaría involucrada en la actividad de GTP-asa.

Existe una proteína codificada por el oncogen "ras" denominada p21 semejante a la subunidad alfa de la proteína G en la cual una mutación en el aminoácido aspártico, de la secuencia mencionada anteriormente, en la posición 61 que corresponde al glutámico, provoca en esta proteína una disminución de la actividad de GTP-asa. Esta disminución en esta actividad produce la transformación de las células que expresan esta proteína dando lugar a patologías oncológicas. Se recuerda que una disminución en la actividad de GTP-asa resultaría en el mantenimiento de una subunidad alfa activada con el GTP unido e interaccionando continuamente con el efector. Estos son muy buenos ejemplos para entender la importancia en las estructuras de las proteínas, ya que basta una mutación que cambie en tan solo un aminoácido para que se produzca una patología. Esto por supuesto si la mutación se produce en algún sitio activo de la proteína.

Se ha descrito que en ausencia del dímero beta/gamma la subunidad alfa libre no puede ser activada para intercambiar GDP por GTP. La subunidad alfa aislada puede interactuar con el receptor pero no puede hacer el intercambio GDP por GTP. Ello hace que la proteína para funcionar deber tener sus tres subunidades interaccionando.

La unión del GTP a la subunidad alfa cambia la afinidad de ésta por el dímero beta/gamma permitiendo la disociación. Las subunidades beta/gamma están asociadas fuertemente.

Existe heterogeneidad entre las diferencias subunidades beta/gamma aisladas. Han sido descritas con pesos moleculares para la subunidad beta de 35 a 36 kDa. La subunidad gamma también es heterogénea. La función que se le atribuye a la subunidad gamma es la de servir de ancla para mantener a las tres subunidades en membrana. También se ha mencionado que la subunidad gamma es necesaria para que la alfa reconozca al receptor. Esta función estaría dada por la interacción de la subunidad gamma con la alfa manteniendo el extremo amino y carboxilo terminal próximos.

La subunidad beta está compuesta por ocho segmentos de 40 aminoácidos cada uno. Tiene una secuencia llamada "par triptofano-ácido aspártico" que se encuentra en una gran variedad de proteínas no relacionadas funcionalmente, es así que todavía no se conoce el por qué de la existencia de este dominio.

La subunidad gamma tiene una región muy conservada en el carboxilo terminal que es una estructura crítica en todas las proteínas que se unen a membrana. Este sitio es aparentemente el del procesamiento post transducción. El dominio mencionado es el siguiente:

CISTEINA-X-X-LISINA O SERINA
"X" representa a aminoácidos alifáticos

La función del dímero beta/gamma, como se mencionó anteriormente, es la de mantener inhibida a la subunidad alfa. Esta función, en parte, está relacionada con la capacidad de este dímero de inhibir la disociación del GDP de la subunidad alfa para no permitir el intercambio con GTP y formarse la subunidad alfa activa. Además la interacción del dímero con la subunidad alfa es necesaria para que el receptor pueda interaccionar con esta subunidad. Como se mencionó anteriormente la subunidad alfa libre no puede interaccionar con el receptor. Otra función del dímero beta/gamma es la de mantener a las tres subunidades en membrana y ello se realiza a través de la subunidad gamma.

Todas estas funciones del dímero beta/gamma están relacionadas en última instancia a la subunidad alfa. Además de estas funciones se han atribuido al dímero beta/gamma funciones propias como la de intervenir en la transducción de señales de ciertos receptores.

En los últimos años se han descubierto un gran número de receptores que cumplen su función por acoplamiento a las diferentes proteínas G. Ha sido sugerido que receptores diferentes podrían utilizar combinaciones diferentes de interacción con proteínas G para regular la apertura de canales iónicos.

2.4.1 Clasificación de las proteínas G

Las proteínas más estudiadas son la Gs, Gi, Go, Gq, Gz y Gt.

Las Gs es la proteína que actúa en la mediación de los estímulos vía receptor que estimulan la enzima adenilato ciclasa para formar el segundo mensajero 3´5´-adenosin-monofosfato cíclico o AMP-cíclico.

Existen, según los tejidos, cuatro proteínas Gs diferentes, todas ellas con capacidad de estimular la adenilato ciclasa. Todas ellas difieren en la subunidad alfa. Estas cuatro formas diferentes son provenientes de un único gen y se generan por un mecanismo denominado "splicing alternativo" o corte y empalme alternativo. Este mecanismo es semejante al que se utiliza para generar los diferentes anticuerpos por el sistema inmunológico. Ello significa que un mismo gen genera por este mecanismo diferentes mensajeros. La proteína Gs ha sido involucrada también en la activación de canales de calcio.

La Proteína Gi es la que inhibe la adenilato ciclasa, también a través del estímulo de receptores. Existen Gi diferentes que difieren en la subunidad alfa. En este caso cada subunidad alfa es codificada por un gen diferente. La proteína Gi también interviene en la regulación de la activación de canales de potasio (K^+).

La proteína Go es una proteína muy abundante en cerebro. Su estructura es similar a la Gi y su función es la de regular la apertura de canales de calcio y K^+.

La proteína Gq interviene en la estimulación de la fosfolipasa C que genera los segundos mensajeros, diacilglicerol e inositol trifosfato. Este último tiene la propiedad de mover calcio de depósitos intracelulares.

A la proteína Gz no se le conoce aún su función, pero se sabe que esta proteína se encuentra en grandes cantidades en membrana de hígado y en cerebro, aunque en este último no se encuentra asociada a membrana. Su estructura es similar a la Gi y se cree que su función es la de regular canales de calcio y K^+.

La proteína Gt regula la actividad de una fosfodiesterasa de GMP cíclico.

La subunidad alfa de Gi y Go sufren modificaciones post-transduccionales. Esta modificación es el agregado de ácido mirístico.

La función de este derivado todavía no se conoce pero se cree que esta miristoilación le provee una estructura a la proteína que regula su interacción con la membrana.

La fosforilación de las proteínas G constituye otro cambio post transducción importante. Se postula que este mecanismo participa en la regulación de la subunidad alfa libre en la célula por diferentes receptores sin necesidad de interactuar directamente con esta subunidad.

Por ejemplo, se conoce que la proteína quinasa C puede fosforilar la subunidad alfa –i de la proteína Gi que inhibe la adenilato ciclasa, esto estaría potenciado por hormonas que actuarían por activación de otra proteína G.

Esta quinasa al fosforilar a la subunidad alfa-i libre inhibiría la asociación con el dímero beta/gamma reforzando de esta forma la inhibición de la adenilato ciclasa. A estos mecanismos se los denomina sinergísticos.

La proteína G puede ser modificada covalentemente por una ADP-ribosilación. Este fenómeno se produce por interacción de las proteínas G con toxinas bacterianas provenientes del *Vibrión colérico* y del *Bordetella pertussis*.

Estas dos toxinas tienen una actividad enzimática que provoca la ADP-ribosilación de la subunidad alfa usando como un sustrato al NAD^+.

Esta modificación covalente de las proteínas G produce cambios en la función de las mismas.

La ADP-ribosilación dependiente de la toxina colérica actúa sobre la subunidad alfa de las Gs.

La modificación se produce en el aminoácido arginina, ubicado en la posición 201, y como consecuencia de esta modificación covalente se produce la inhibición de la actividad enzimática intrínseca de hidrolizar al GTP, para cerrar el ciclo de activación de la adenilato ciclasa.

De esta forma al permanecer la subunidad alfa asociada al GTP hay una estimulación constante de producción de segundo mensajero el AMP-cíclico, sin permitir que la producción de este pueda ser regulada aun en ausencia de las hormonas que activarían a la adenilato ciclasa.

Como mencionamos anteriormente, este es el mecanismo por el cual la toxina colérica al mantener elevados los niveles de AMP cíclico modifica la absorción de agua en el intestino.

Para que se produzca la ADP-ribosilación se necesita de otra proteína llamada ARF o ADP-ribosilating factor de masa molecular 21 kDa. Esta proteína une GTP e interactúa con la Gs, pero aún no se conoce como regula la ribosilación.

La subunidades alfa de proteínas Gi y Go no son ADP-ribosiladas por la toxina del cólera.

No se conoce la causa ya que ambas subunidades alfa-i y alfa-o tienen la arginina en la posición 201 con los aminoácidos alrededor de la arginina también conservados. Es por ello que se deduce que existiría otro sitio de interacción en la subunidad alfa-s con la toxina para que se produzca ADP – ribosilación.

La toxina Pertusis no ADP-ribosila a la subunidad alfa-s pero lo hace con las subunidades alfa-i; alfa-o y alfa –t.

Esta reacción que se produce es un residuo de cisteína cercano al carboxilo terminal.

2.4.2 Receptores de membrana acoplados a proteína G

Pertenecen a este grupo los receptores que se acoplan a proteína G para regular la actividad de enzimas que por su acción dan lugar a la formación de segundos mensajeros. Los segundos mensajeros y los sistemas que los generan son, por ejemplo:

- El adenosin-monofosfato cíclico o AMP cíclico, por activación de la enzima adenilato-ciclasa.
- El inositol-trifosfato y el diacilglicerol, por la estimulación de la fosfolipasa C.
- El ácido araquidónico por estimulación de la fosfolipasa A2.

También a través de receptores de membrana se puede dar lugar a la inhibición de enzimas que producen segundos mensajeros como la adenilato ciclasa o puede dar lugar a la activación de enzimas que hidrolizan segundos mensajeros como la fosfo-diesterasa.

Estos receptores de membrana acoplados a proteína G son proteínas que contienen azúcar y atraviesan la membrana celular que presentan 3 zonas: extracelular, intramembrana y citoplasmático, denominada por ello proteína transmembrana.

Se han establecido la secuencia primarias de varios receptores acoplados a proteína G basados en esta secuencia y tomando el índice de hidrofobicidad de los aminoácidos constituyentes de estas proteínas. Se ha determinado una topografía característica que se muestra en la figura siguiente, usando como ejemplo el receptor beta adrenérgico.

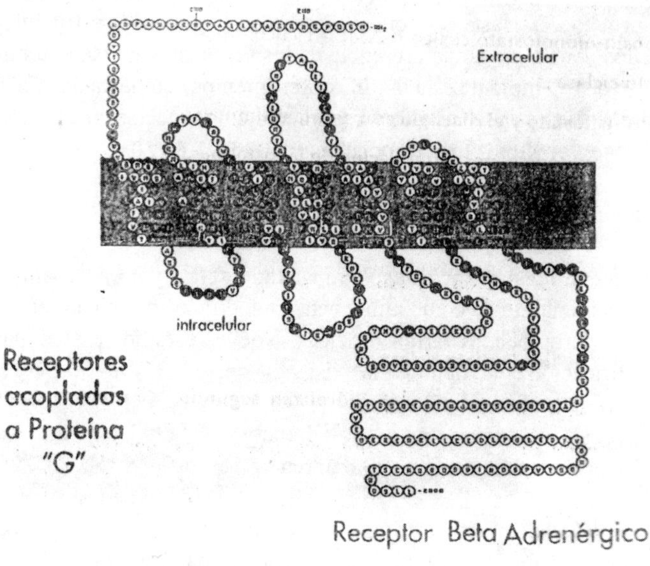

Figura 6. Topografía característica del receptor beta adrenérgico.

Se predice que todos los receptores presentan siete dominios llamados dominios que abarcan la membrana, que dan lugar a la formación de varios *loops* o regiones tipo lazo, presentando el carboxilo terminal en la región que da al citosol muy cercano a los *loops* mencionados. Estos receptores son los denominados 7-TMS (seven-transmembrane segment).

La estructura similar de estos receptores hace pensar que el mecanismo de activación de las proteínas G para los diferentes receptores es muy similar. La interacción del receptor con la proteína G se predice que se realiza por el dominio citoplasmático. Los *loops* citoplasmáticos I, II, III y IV están muy conservados en los diferentes receptores. Por el contrario, los *loops* V y VI son muy variables y muy pequeños en algunos y muy largos en otros. Por ejemplo, son muy largos en los receptores alfa 2 adrenérgicos y en los muscarinicos.

Dentro de la familia de receptores denominados 7TMS se encuentran: adrenérgicos, musacarinicos, dopaminérgicos, serotorinérgicos receptores para las gonadotrofinas luteinizante y foliculoestimulante, tirotrofina, glucagón, secretina, VIP (vaso intestinal polipeptide), prostaglandina E1, colecistoquinina, adrenocorticotrofina, vasopresina, angiotensina, trombina, adenosina, histamina, prostaciclina y granitidina.

Todos estos receptores pertenecen a la familia de proteínas que interactúan con la proteína G. Hasta el momento se ha determinado la estructura de casi todos ellos conociéndose la presencia de los segmentos transmembrana.

Como por ejemplo de esta familia describiremos detalladamente al receptor beta adrenérgico por ser uno de los primeros en conocerse su estructura y ser actualmente uno de los más estudiados.

2.4.3 Receptores Beta adrenérgicos

Los receptores para las catecolaminas (adrenalina y noradrenalina) fueron calificados inicialmente como alfa y beta adrenérgicos principalmente sobre la base de sus propiedades farmacológicas. Nuevos estudios determinaron una nueva calificación conociéndose la existencia de:

- Tres clases de receptores beta-adrenérgicos, beta 1 y beta 2 y beta 3.
- Dos clases de receptores alfa- adrenérgicos, alfa 1 y alfa 2.

La habilidad de purificar estas estructuras y conocer mediante la biología molecular el gen que codifica estos receptores ha aportado numerosos conocimientos de la relación entre la estructura y función de esta familia de receptores.

La familia de receptores beta-adrenérgicos ha sido clasificada sobre la base de su distribución en tejidos, a sus propiedades farmacológicas y sobre la base de su estructura molecular.

Los receptores beta-adrenérgicos median una gran variedad de funciones fisiológicas tales como: bronco dilatación, contracción miocardia, lipólisis, etc. Recientemente se ha aislado e identificado otro subtipo de receptor beta-adrenérgicos denominado beta-3 que tiene una homología del 50% con el receptor beta-1 y que también tiene la capacidad de estimular a través de la proteína G a la enzima adenilato ciclasa.

Los principales tejidos en los que se encuentran los receptores beta-adrenérgicos son: cardíaco, adiposo, hepático y musculoso esquelético.

Los receptores beta-adrenérgicos son proteínas asociadas a azúcares de una masa molecular de 46-48 kDa. Los diferentes subtipos de receptor beta-adrenérgico contienen los siete segmentos transmembrana contenido entre 20 y 28 aminoácidos hidrofóbicos.

Estos segmentos transmembrana originan secuencias llamadas *loops* (que significa "lazos", como por ejemplo en una cuerda). Existen tres *loops* o lazos extracelulares y tres *loops* intracelulares. El amino terminal se encuentra en la región extracelular y el carboxilo terminal en la región intracelular, también llamada citoplasmática.

Existen cuatro cisternas extracelulares totalmente conservada entre los diferentes subtipos, lo que hace pensar que las mismas intervendrían en el reconocimiento del agonista beta-adrenérgico.

Estos receptores sufren modificaciones importantísimas para su función llamadas modificaciones co- y post –síntesis. Ellas son: formación de puentes disulfuros, glicosilación vía aspártica, acilación de ácidos grasos y fosforilación.

No se conoce la función de la glicosilación, algunos han señalado que el receptor no glicosilado no es capaz de reconocer el agonista beta-adrenérgico. Sin embargo, estudios muy recientes utilizando mutaciones en el amino terminal, que generan un receptor no-glicosilado, han demostrado que estos receptores tienen dificultades para llegar a la membrana plasmática, indicando que estos sitios serían los responsables de llevar los mismos a la superficie de la célula. Aquellos que llegan, pueden reconocer al agonista y cumplir su función.

Existen aminoácidos en las regiones trasmembrana que también son importantes para el reconocimiento del agonista beta-adrenérgico. Estos aminoácidos están ubicados en la región II transmembrana (aspártico 79) y en la región III transmembrana (aspártico 113). Es interesante que la mutación de estos aminoácidos no provoca cambios en el reconocimiento de los antagonistas beta-adrenérgicos.

El receptor beta-adrenérgico y otros receptores acoplados a proteína G pueden ser sustrato de quinasas que selectivamente reconocen al receptor activado, es decir, luego de la interacción con el agonista. Esta proteína quinasa fue descrita en principio para el receptor beta-adrenérgico y fue denominada *beta-adrenergic kinase*. Luego fue demostrado que esta quinasa puede fosforilar otros receptores acoplados a la proteína G.

El papel de la fosforilación en este tipo de receptores parece indicar que formaría parte de los mecanismos de desensibilización. Como se expondrá más adelante, los mecanismos de desensibilización son utilizados por la célula para regular la respuesta hormonal. Reacciones de mutagénesis en la región del receptor que inhiben esta fosforilación producen un retraso en la inducción de la desensibilización inducida por el agonista.

La proteína quinasa AMP-cíclico dependiente y la proteína quinasa C también son capaces de fosforilar el receptor beta-adrenérgico. Esta fosforilación se correlaciona con la inducción de la desensibilización. Es por ello que se deduce que la fosforilación de receptores por varias quinasas de proteínas sería un mecanismo de regulación de los procesos de desensibilización, internalización y degradación de receptores.

Genes que codifican para esta familia de receptores

Es interesante conocer algunas características de los genes que codifican para esta familia de receptores que se acoplan a la proteína G. Esta característica es la falta completa de intrones en la región codificante. Esta característica se observa en muchos miembros de esta familia e indica que posiblemente todos provengan de un gen ancestral común. Los intrones son segmentos de los ácidos nucleicos que no participan en la formación del producto de los genes. En el gen de los receptores beta-adrenérgicos existen secuencias para la regulación de su transcripción por corticoides y hormonas tiroideas. Los glucocorticoides elevan la expresión del mensajero del receptor beta-adrenérgico. La genética molecular ha revelado la homogeneidad funcional y estructural de varias familias de receptores, como así también su extraordinaria diversidad. Los nuevos hallazgos de subtipos de receptores abre un interrogante: ¿por qué existen subtipos? En los receptores a dopamina (pertenecen a los receptores que se acoplan a proteína G) se puede encontrar un excelente ejemplo de cómo la genética molecular ha desenmascarado la gran diversidad de estos receptores. En efecto, en este momento se conoce la existencia de varias formas de receptores a dopamina, sin embargo, no existen para algunos de ellos diferencias farmacológicas convincentes que puedan determinar la existencia endógena de diferentes ligandos. Aparentemente los diferentes subtipo de receptor podrían determinar el acople a diferentes sistemas de transducción de mensajes. Se conoce que el receptor de dopamina D1 está acoplado positivamente a la adenilato ciclasa y, sin embargo, hay evidencias que una subclase del D1 puede acoplarse a la fosfolipasa C en el *stratium* y en el riñón. Lo mismo puede suceder con los subtipos de receptor D2 lo que indicaría que quizás con un mismo ligando se puedan obtener respuestas con señales de transducción diferentes en tejidos diferentes, en lugar de postular la teoría que estos subtipos de receptores tengan ligandos endógenos diferentes.

También es notorio que los receptores, según el estadio del ciclo celular o de la diferenciación de la célula, pueden acoplarse a diferentes efectores, generando diferentes señales para un mismo agonista. Como ejemplo de este fenómeno tenemos al receptor de calcitonina.

Receptores para otros neurotransmisores y estructura de canales iónicos

Dentro de los receptores para catecolaminas, los receptores alfa adrenérgicos son glicoproteínas de 80 – 85 kDa de masa molecular, que funcionalmente se presentan en forma de dímeros. Anticuerpos contra los receptores alfa adrenérgicos reaccionan también con los receptores muscarínicos. Estos receptores muscarínicos que se definen abajo, a su vez, tienen homología con los beta-adrenérgicos que indican la alta relación entre los receptores para neurotransmisores.

Receptores colinérgicos

Los receptores colinérgicos fueron inicialmente clasificados por su respuesta en nicotínicos y muscarínicos. Esta clasificación todavía es aceptada, sin embargo, se conoce que existen al igual que los receptores adrenérgicos varios tipos de receptores colinérgicos.

El receptor nicotínico (para acetilcolina) es el más estudiado y se tomará como ejemplo de este tipo de receptores.

Este receptor es el más estudiado debido a que se encuentra en grandes cantidades en un pez llamado *Torpedo electricorgan* o *Torpedo california*, regulando el pasaje de iones a través de la membrana plasmática.

Está compuesto por cuatro subunidades (proteínas) codificadas por cuadro genes diferentes.

Estas proteínas se colocan en membrana como un pentámero constituido por dos subunidades alfa (α), una subunidad beta (β), una gamma (γ) y, por último, una delta (δ), que da lugar a la formación del canal que deja pasar iones a través de la membrana responsable de los efectos inducidos por la acetilcolina.

El receptor iónico se encuentra en membranas post-sinápticas en la unión neuromuscular

Tiene como función la de alterar la permeabilidad iónica por contener en su estructura un canal para cationes que responde a la estimulación por acetilcolina.

La unión de la acetilcolina a las unidades alfa produce un cambio conformacional que da lugar a la formación de canal iónico, que conduce primariamente sodio a través de la membrana plasmática.

En los últimos años se ha encontrado una superfamilia de receptores para canales iónicos en los que dichos receptores a pesar de tener diferentes ligandos presentan propiedades muy similares, las más destacables son aquellas estructuras ligadas a la función de los mismos. Como ejemplo de esta familia se pueden mencionar a los receptores para acetilcolina, al GABA (ácido gama-aminobutírico) y Glicina.

Ellos no solamente presentan estructuras similares sino que, además, presentan dominios conservados a través de la evolución. La estructura del receptor de acetilcolina se ha estudiado sobre la base del aislamiento, purificación y cristalización de sus subunidades. Ello permitió comprender de qué modo hay proteínas que pueden formar un canal y cómo esta estructura puede ser activada por un neurotransmisor.

En la próxima figura se ejemplifica la disposición en membrana de las subunidades del receptor de acetilcolina que forma un pentámero.

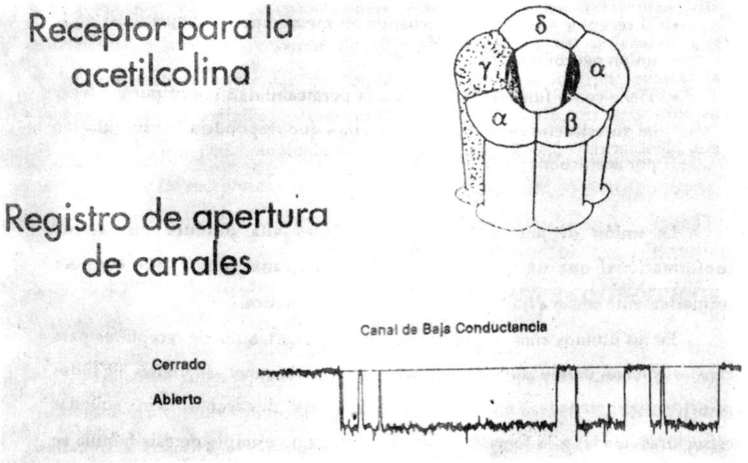

Figura 7. Disposición en membrana de las subunidades del receptor de acetilcolina que forma un pentámero.

El receptor de acetilcolina es un complejo glicoproteico de 295 kDa de masa molecular compuesto, como ya se mencionó, por cinco glicoproteínas (dos de ellas idénticas, correspondientes a la subunidad alfa) todas ellas proteínas transmembranas. Estas cinco subunidades, se encuentran ubicadas en la membrana formando una estructura geométrica de cilindro que presenta un diámetro interno de 25 Angstrom (Å= 10^{-10} m) y el receptor ocupa un lugar en la membrana de aproximadamente 55 hacia el espacio extracelular, dentro de la sinapsis, funcionando como un controlador del campo electrostático ante la presentación de iones en la región cercana al poro en el espacio transmembrana.

La bicapa en la membrana tiene un espesor de 41 Å, esta distancia está tomada entre los dos grupos polares. La región transmembrana del receptor mide 40 Å de largo con un diámetro de 7 Å.

Los estudios realizados con los cristales del receptor acetilcolina indicaron que los mismos son estructuras en forma de hongos de orientación alfa hélice y el canal estaría formado por un pentámero simétrico formando un cilindro.

En la sinapsis madura este receptor está asociado a diferentes componentes de membrana. Hay un único componente asociado estequiométricamente (molécula a molécula), y este componente es una proteína de 43 kDa que tiene la capacidad de unir actina. La actina es una de las proteínas principales del citoesqueleto. La proteína de 43 kDa no interviene en la activación del receptor y su función es la de mantener el contacto entre el receptor y el citoesqueleto. Esta proteína y el receptor están concentrados en el sitio de inervación en la membrana pre-sináptica y la misma le provoca al receptor una relativa inmovilización. A su vez, el receptor también interactúa con la lámina basal.

Los receptores de acetilcolina tiene la propiedad de asociarse entre sí al igual que el receptor para el factor de crecimiento epidérmico, el receptor para la hormona luteinizante, etc. Esta asociación posiblemente esté vinculada a la función de los mismos. Luego que el agonista se une al receptor, el canal iónico se abre, permitiendo la entrada de aproximadamente 104 iones de sodio por milisegundo por receptor de acetilcolina, que produce así la disminución del potencial eléctrico de la membrana que contiene el receptor.

Receptores muscarínicos

Estos receptores (que también reconocen a la acetilcolina) han sido purificados conociéndose su estructura aminoacídica, su estructura espacial y el gen que lo codifica. Es una proteína de 51 kDa con sitios de glicosilación. Existe mucha homología entre los receptores muscarínicos y los receptores beta-adrenérgicos. Existen varios subtipos entre los cuales se destacan los M2 y el M3 que al ser activados producen la inhibición de la enzima adenilato ciclasa por interacción con la proteína Gi. Estos receptores también han sido involucrados en el control de canales de potasio a través de la interacción con la proteína G.

El receptor muscarínico cumple varias funciones tales como, la inhibición de adenilato ciclasa, ruptura de fosfoinosítidos y modulación de canales de potasio. Todas estas acciones las realiza por interacción de las proteínas G.

Muy recientemente se ha descrito que el receptor muscarínico estaría asociado a canales de calcio sensibles a voltaje por intermedio de la subunidad γ, subtipo γ 4 de la proteína G. Este es uno de los ejemplos recientes en el que se le atribuye función a la subunidad γ independientemente del dímero β γ y de la subunidad α.

Este receptor entra dentro de la categoría de los receptores con siete dominios transmembrana y se cree que quizás tenga un gen ancestral común con los receptores beta-adrenérgicos.

Receptores para aminoácidos

Aunque el sistema nervioso central contiene un gran número de neurotransmisores, la excitación e inhibición de células nerviosas se produce más frecuentemente por la activación de receptores estimulados por los llamados aminoácidos excitatorios e inhibitorios. Entre estos receptores se encuentran los que reconocen al ácido glutámico (excitatorio) y al ácido gamma-aminobutírico (inhibitorio).

Estos receptores también están ubicados en la membrana y, generalmente, producen sus efectos a través de la interacción con proteína G, conduciendo a la apertura de canales iónicos.

Por ejemplo, el receptor GABA que también une benzodiazepinas fue descubierto en invertebrados y está asociado a la apertura de canales de cloruro (estas son sustancias tranquilizantes como el Valium® o el Lexotanil®). Existen subtipos de receptores llamados A y B, que se diferencian por sus propiedades de interactuar con diferentes ligandos. La masa molecular de los diferentes subtipos varía entre 50 y 55 kDa.

El receptor de GABA tipo A es uno de los más importantes dentro de los receptores para neurotransmisores inhibitorios. Es un miembro de la superfamilia de receptores para canales iónicos que comparten un gen ancestral. Estos canales se caracterizan por tener complejos de heterooligómeros que se expanden en la membrana para formar el canal iónico.

El gen del receptor de canales dependientes del GABA "A" pertenece a su vez a una familia de 15 o más genes que codifican polipéptidos relacionados.

Este receptor es un complejo macromolecular compuesto por macromoléculas que unen GABA, benzodiazepinas, barbitúricos, picrotoxina y esteroides anestésicos. Todos interactúan en el dominio de la unión al GABA para regular y modular la respuesta del receptor a la activación por GABA.

El muscimol, un componente del hongo alucinógeno de la *Amanita muscaria*, actúa como agonista cuando se une a los sitios de interacción de GABA abriendo el canal de cloruro. Un derivado de plantas, la "binculina", actúa compitiendo con esta acción.

La apertura de los canales cloruro aumentan la permeabilidad de la membrana al ion, produciéndose la inhibición de la actividad eléctrica de la célula postsináptica. En el sistema nervioso central drogas depresoras de varias categorías actúan potenciando los efectos de GABA. Los barbitúricos y drogas antiepilépticas producen esta acción incrementando el tiempo medio de apertura del canal, también ejercen su función modulando la interacción de GABA con el receptor.

Por el contrario, los bloqueantes como la pricotoxina y penicilina G disminuyen el tiempo de apertura del canal.

Dentro de los receptores para aminoácidos excitatorios es muy interesante el receptor para el n-metil-D-aspartato o NMDA que actúa junto con otro receptor llamado "Kainate-AMPA" los cuales están localizados en la sinapsis. Al trabajar juntos permiten que los receptores de NMDA estén activados cuando la sinapsis se utiliza a alta frecuencia para la producción de potenciales de largo tiempo.

Este receptor para NMDA se caracteriza por tener varios sitios de modulación. Es un polipéptido de 938 aminoácidos con una masa molecular de 105 kDa. Los moduladores de este receptor pueden ser el magnesio, el zinc, el glutamato y la glicina. Este receptor tiene sitios de posible fosforilación dependiente de la proteína quinasa A, C, calcio-calmodulina y tirosina quinasa.

Este receptor es uno de los mejores ejemplos de interacción entre diferentes señales intracelulares para generar una función y del nuevo concepto sobre la forma de acción de los receptores de los cuales pueden generar más de una señal y estas señales pueden ser diferentes dependiendo del tejido donde se encuentren, a diferencia del concepto de la década del 70 en la que se pensaba que un receptor podía generar una única señal.

Canal de calcio dependiente de voltaje

El mecanismo principal por el cual las células controlan la concentración de calcio citoplasmático es mediante el control de la permeabilidad de dicho ion.

La membrana contiene canales de calcio que pueden ser activados por depolarización de la membrana plasmática. Este flujo de entrada de calcio por activación de los canales iónicos produce la regulación de funciones celulares muy importantes tales como: la liberación de neurotransmisores y hormonas, la contracción muscular.

Los canales para el calcio dependientes de voltaje son estructuras que forman poros en la membrana en respuesta a la depolarización de la misma, produciendo una selectividad en el influjo de calcio a través de la membrana.

Este flujo de entrada de calcio sirve como transductor de un impulso eléctrico para regular la función de una célula, el influjo de calcio produce el incremento del calcio citoplasmático el cual activa o inhibe enzimas importantes para el control de los procesos de secreción y contracción. Estos receptores se han identificado por el uso de un ligando denominado dihidropiridina.

Principalmente se ha observado su acción en músculo esquelético. En principio se pensaba que los canales para el calcio estaban formados por proteínas heterogéneas que daban lugar a la formación de diferentes tipos de canales de acuerdo con la función que debían cumplir. Luego quedó establecido que los canales de calcio variaban en su función de acuerdo con la célula y el tejido en el que estaban ubicados.

El primer intento significativo para calificar a los canales de calcio fue realizado sobre la base de las observaciones de las propiedades de la corriente transportada por el calcio. Así fue como se identificó el tipo T proveniente de la identificación de una corriente mínima llamada *corriente umbral* y dos tipos denominados L y N también debido a las propiedades de la corriente que generaban. A pesar que estos dos tipos de canales se distinguieron también por sus propiedades biológicas, el criterio farmacológico los clasificó claramente comprobándose que el canal de calcio L era el *locus* de acción de la dihidropiridina así como un número grande de drogas que regulan el sistema cardiovascular. Por otra parte el tipo N se reconoció por ser bloqueado por una toxina peptídica *conotoxin* derivada de un molusco marino *Conos goograhus*.

Posteriormente se comprobó que en el sistema nervioso central existen también canales de calcio insensibles a la dihidropiridina y a la *conotoxin* y fueron denominados tipo P sobre la base de su alta concentración en las neuronas de *Purkinje* (estas son características del cerebelo).

En resumen, los diferentes tipos de canales de calcio en los diferentes tejidos pueden clasificarse como de tipo T, L, N y P.

La mayor información acerca de la estructura molecular de estos canales fue desarrollada sobre la base de los trabajos realizados en músculo esquelético que contiene un número alto de canales de calcio tipo L.

Estos receptores o canales iónicos han sido caracterizados conociéndose los aminoácidos que los forman y el gen que la codifica.

La estructura propuesta para el canal de calcio se muestra en la figura siguiente:

§ Canal de calcio dependiente de voltaje

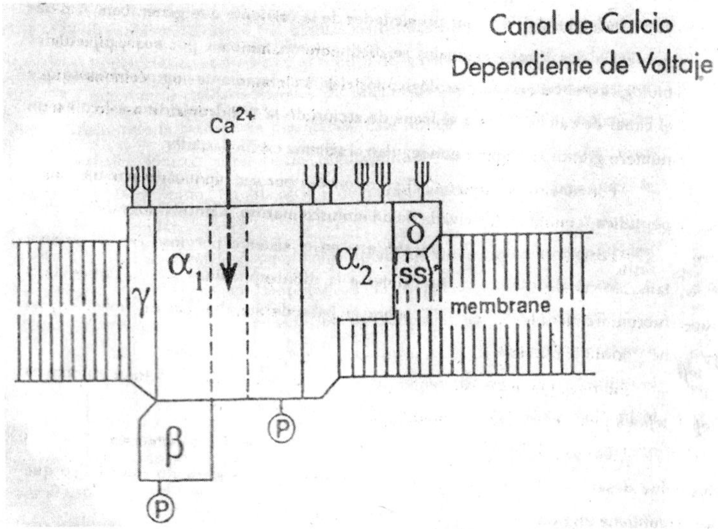

Figura 8. Estructura propuesta para el canal de calcio.

La subunidad alfa 1 es la más grande con una masa molecular de 175 kDA existiendo en la misma el sitio de unión para la dihidropiridina. También se piensa que esta subunidad es la que adopta la estructura de poro y la que tiene el sitio sensible al voltaje.

$\alpha 2$ y β, la subunidad alfa 2, tiene una masa molecular de 143 kDa y la subunidad gamma de 27 kDa. Estas dos subnidades están unidas por puente disulfuro. El AMP-cíclico incrementa la actividad de estos canales y se piensa que esta regulación está ejercida por fosforilación de la subunidad beta por la quinasa AMP-cíclico dependiente. Estos canales de calcio son el sitio de acción de varias toxinas.

§ **Subunidad $\alpha 1$**

Se ha construido la estructura tridimensional de la subunidad alfa-1 y es muy interesante que dicha estructura presenta regiones transmembrana parecidas a las descritas para otros receptores. En este caso la región aminoterminal y la carboxiterminal se encuentran en la región intracelular teniendo cuatro dominios homólogos denominados I, II, III y IV. Cada dominio, a su vez, presenta seis sitios potenciales de dominio transmembrana o *membrane spanning domains* con estructura de alfa hélice. En la figura siguiente se puede ver un esquema de esta subunidad, en el que dichas zonas están representados en forma de cilindros.

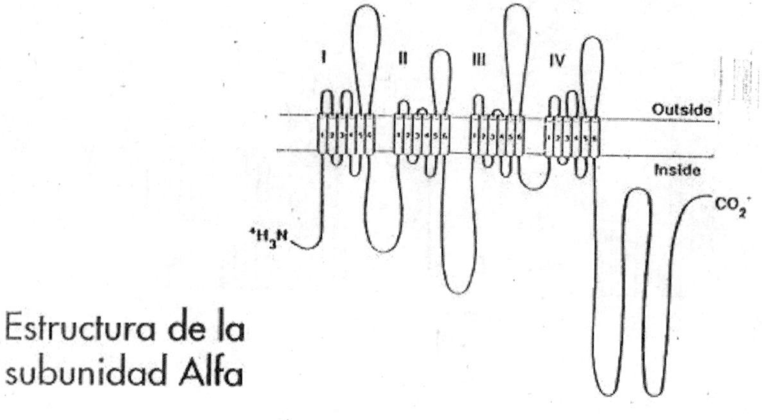

Figura 9. Esquema de la subunidad α1.

Las subunidades alfa 2 y delta provienen de un mismo gen teniendo un precursor común esencial para la formación de puentes disulfuro.

Es interesante que se han hallado estructuras homólogas en una gran variedad de tejidos, además del mencionado músculo esquelético. Estos son ovarios, células neuroendocrinas y en corazón.

Estos canales desempeñan un papel importantísimo en los procesos de contracción y secreción. Este acople entre los procesos de contracción y secreción se realiza durante los cambios de potencial de las membranas.

Generalmente en músculo cardíaco y esquelético el calcio se necesita para producir el movimiento de las proteínas contráctiles y este calcio es usado a partir de la liberación de calcio de reservorios intracelulares como el retículo endoplasmático. En el caso del músculo cardíaco también se necesita el flujo de entrada del calcio del espacio extracelular para que se produzca el movimiento de las proteínas contráctiles. Es por ello que los canales de calcio dependientes de voltaje son indispensables para la contracción del músculo cardíaco.

Los canales de calcio tipo "N" están distribuidos en el sistema nervioso central y fueron hallados también en células endocrinas de la pituitaria anterior en páncreas y en glándula adrenal. Estos canales están asociados a la liberación de neurotransmisores.

§ Canal de sodio y canal de potasio dependientes de voltaje

Estos canales han sido identificados, al igual que los de calcio, como estructuras formadas por una subunidad alfa de gran tamaño. Los canales de sodio están formados por una glicoproteína de una masa molecular entre 240 y 280 kDa. Estos canales se encuentran principalmente en cerebro y han sido identificados sobre la base del estudio de la acción de muchísimas toxinas.

El canal de potasio está formado por cuatro subunidades alfa idénticas. Estas proteínas que forman canales pueden ser modificadas por fosforilación, y al igual que para el canal de calcio este canal está regulado por la acción de la proteína quinasa AMP-cíclico-dependiente. Ello significa que estos canales están regulados indirectamente por receptores que estén acoplados a la Proteína G y a la enzima adenilato ciclasa con producción de AMP-cíclico.

Los modelos de la estructura tridimensional de los canales de sodio y de potasio muestran similitudes con los canales de calcio. Los de sodio presentan en su subunidad alfa dominios repetitivos homólogos intracelulares, mientras que el canal de potasio está formado por cuatro subunidades donde cada una de ellas tiene un dominio homólogo que se repite una sola vez.

Los canales de sodio en cerebro han sido asociados al desarrollo y existen evidencias que su síntesis está regulada por el factor de crecimiento nervioso (NGF *Nerve Growth Factor*).

Estos canales también se encuentran en músculo esquelético y se ha asociado su función también con el desarrollo, postulándose una intervención en la asociación de fibras musculares y neuronas motoras, que desempeñan un papel fundamental en la actividad neuromuscular.

Los canales de sodio en músculo esquelético en humano están codificados en el cromosoma 17 y los cardíacos en cromosoma 3, el gen correspondiente al canal de sodio en cerebro ha sido identificado en la rata en el cromosoma 2, todavía no se conoce la localización del equivalente de humano. La localización de los genes que codifican para el canal de sodio en humanos ha sido usada para realizar estudios en enfermedades del sistema nervioso llamadas "parálisis periódicas" caracterizadas por tener episodios intermitentes de parálisis que cursan con una función neuromuscular aparentemente normal. Estos episodios se generan algunas veces por cambio en la dieta, como por ejemplo la ingestión de grandes cantidades de carbohidratos, o a cambios en el medio ambiente, como exposiciones al frío o cambios fisiológicos, como un prolongado descanso después de un ejercicio físico vigoroso. Esta parálisis es hereditaria y se transmite en forma dominante autosomal. Este episodio está asociado a una depolarización del sarcolema muscular.

En el esquema siguiente se presentan los tres canales con la estructura de la subunidad alfa y su visión topográfica. Se miran desde el exterior de la célula de arriba hacia abajo, como se indica en la figura como X1, X1 y X4. Todos ellos presentaban las estructuras alfa hélice llamada S4 que también se indica en la figura como cilindros negros y en la estructura vista de arriba como los círculos negros.

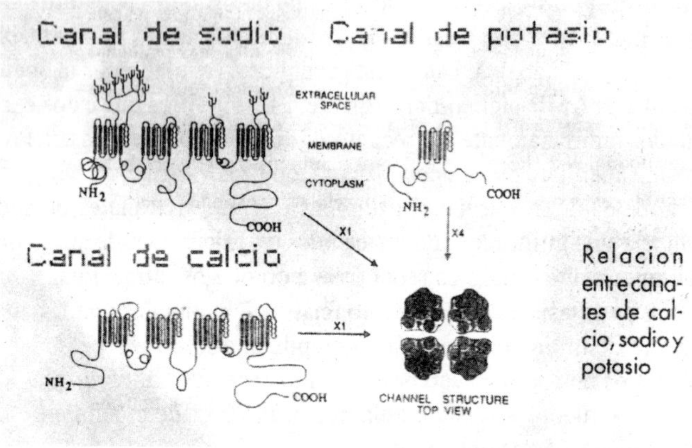

Figura 10. Tres canalaes con la estructura de la subunidad alfa y su visión topográfica.

Receptores para hormonas glicoproteicas

Dentro de estos receptores los más significativos son los receptores para las gonadotrofinas hipofisitarias luteinizante (LH) y foliculoestimulante (FSH) y la hormona tirotrofina (TSH).

Las gonadotrofinas ejercen su función en el testículo y ovario mientras que la TSH estimula la glándula tiroidea. Estos receptores pertenecen a una familia de receptores con siete segmentos transmembrana (7TMS) y están asociados a la proteína Gs que activa la enzima adenilato ciclasa con el consiguiente aumentos de los niveles de AMP-cíclico intracelular. Para la hormona TSH también se han descrito efectos mediados por la activación de la fosfolipasa C.

Estos receptores son macromoléculas con homología con los receptores beta-adrenérgicos en cuanto a su función y estructura. La diferencia más importante entre estos receptores y aquellos de la súper familia de receptores que interactúan con la proteína G es la región de interacción con el ligando, en este caso la hormona y en el caso de los neurotransmisores moléculas más pequeñas tales como la serotonina, catecolaminas o acetilcolina. Mientras que en los receptores para neurotransmisores los ligandos interaccionan con los sitios formados por los dominios de los segmentos transmembrana, en el caso de las hormonas glicoproteicas existe una región extracelular constituida por 341 residuos de aminoácidos en los cuales se produciría la interacción de la hormona con el receptor. Es por ello que se cree que estos receptores se pueden haber originado por combinación genética de los genes que producen proteínas de unión a las hormonas y los genes de receptores de la familia de los 7TMS.

En el dominio extracelular que une a la hormona existe una región respectiva característica de los miembros de glicoproteínas ricas en aminoácido leucina. Luego presentan 333 aminoácidos en la región transmembrana que presentan una homología muy grande con los receptores de la familia 7TMS.

Receptores para adenosina

El papel fisiológico de los nucleótidos de adenosina y adenina es reconocido desde hace más de 60 años. Sin embargo, desde el punto de vista de su mecanismo de acción en los últimos años se pudo comprobar que el mismo es inusual ya que pueden activar la célula por mecanismos extracelulares e intracelulares. Ambos nucleótidos se encuentran en la mayoría de las células y participan en la regulación de sus funciones. Estos mecanismos son principalmente a nivel intracelular, sin embargo estos compuestos pueden ser liberados de la célula y pueden interactuar con receptores de membrana en una forma de regulación de la célula autocrina o paracrina.

La adenosina se produce intracelularmente por dos vías, la primera a partir de la hidrólisis del AMP (adenosin monofosfato) por una enzima llamada 5´nucleotidasa y la segunda por catabolismo de la s-adenosilhomocisteína. En condiciones de estrés tal como la hipoxia o la disminución de energía intracelular se incrementa la producción intracelular de adenosina en forma aguda, la cual luego es liberada actuando sobre receptores de membrana de la propia célula como un metabolito regulador local de la función celular.

La activación del receptor de membrana altera la formación de segundos mensajeros para que la célula retorne al equilibrio o para evitar una sobreestimulación. Por este mecanismo se conoce qué adenosina, por ejemplo, puede regular: el ritmo y la contractilidad cardíaca, el tono muscular, la sedación, la liberación de neurotransmisores, la función plaquetaria, la lipólisis, la función renal y la función de los glóbulos blancos.

El interrogante mayor es conocer cómo una sustancia que estimula receptores en la membrana puede ejercer este tipo diferente y variado de funciones biológicas. Aparentemente ello está controlado por una gran superfamilia de receptores llamada *Purinreceptores* los cuales inicialmente fueron clasificados como del tipo P1 y P2 por su preferencia por nucleótidos de adenosina o de adenina.

Ahora se conoce que, por ejemplo, los receptores de adenosina además están subdivididos en A1 y A2 y si nos basamos en experiencias farmacológicas a su vez sufren otra subclasificación. A diferencia con los receptores que interactúan con la proteína G estos son glicoproteínas de menor tamaño con una masa molecular de 36 kDa. Estos receptores a pesar de ser más pequeños igual están dentro de la familia de receptores 7TMS porque presentan los siete dominios transmembrana. Las diferencias encontradas entre este tipo de receptores y los restantes de la familia 7TMS residen, por ejemplo, en el amino terminal y en los sitios de fosforilación que en este caso no son numerosos. Estos receptores fueron definidos inicialmente como capaces de inhibir y activar la adenilato ciclasa, sin embargo ahora se conoce que los diferentes tipos de receptores pueden tener acción sobre: canales de potasio, la fosfolipasa C, la fosfolipasa A2 y el transportador de glucosa.

Estas interacciones se realizan por activación de las proteínas G correspondientes.

Segundos mensajeros sistema Adenilato ciclasa

Segundo mensajero: AMP-cíclico

La adenilato ciclasa es una enzima que transforma el adenosin trifosfato ATP en el 3´5´adenosin-monofosfato cíclico o AMP cíclico liberando pirofosfato (PPi).

Esta reacción se produce en presencia de magnesio aunque en algunas células el maganeso puede actuar también como cofactor.

La adenilato ciclasa es una enzima que se encuentra ubicada en la membrana plasmática.

Es una proteína que presenta una estructura con dominios que cruzan la membrana en varias oportunidades al igual que los receptores, con la diferencia de no presentar el dominio extracelular.

Esta enzima es activada por receptores que utilizan la proteína Gs. El segundo mensajero formado es activador de la proteína quinasa AMP cíclico dependiente.

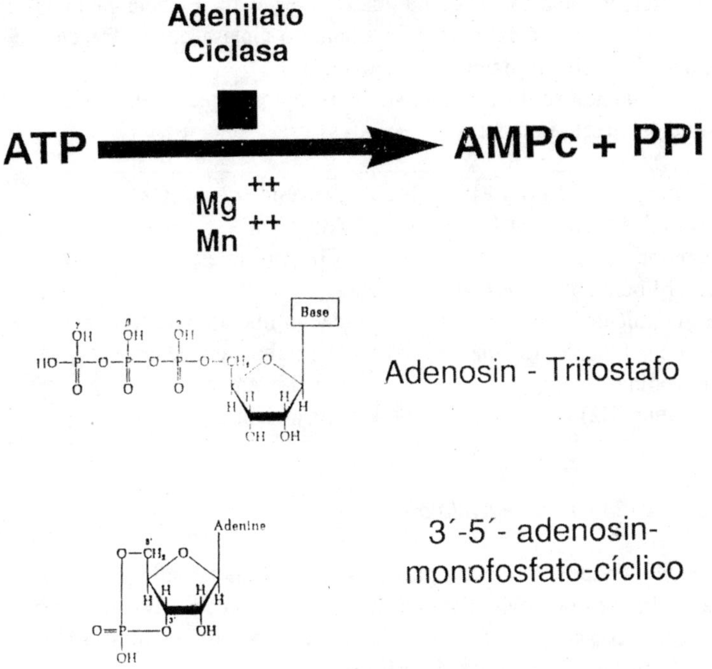

Figura 11. Esquema de adelinato ciclasa.

El AMP cíclico es degradado a AMP lineal por una enzima que se denomina fosfodiesterasa que rompe uniones fosfodiéster. El enlace fosfodiéster en el AMP cíclico se produce entre el fosfato en la posición 3´ y el hidroxilo en la posición 5´. La degradación del AMP cíclico cierra el ciclo de activación de estos procesos.

	CICLASA		FOSFODIESTERASA	
ATP	————————	**AMPc**	————————	**AMP**

El mecanismo de activación de la adenilato ciclasa involucra, como se mencionó en los mecanismos descritos anteriormente, el receptor y la proteína Gs. El agonista (hormona, neurotransmisor, toxinas o drogas) al interaccionar con el receptor produce la activación de este mecanismo, intercambiándose GDP por GTP en la subunidad alfa-s de la proteína Gs.

Este intercambio disocia la subunidad alfa-s del dímero beta/gamma produciéndose la activación de la enzima adenilato ciclasa por interacción de la subunidad alfa-s con la enzima adenilato ciclasa.

A continuación se ilustra una lista de receptores que están acoplados a la estimulación de esta enzima:

Adrenérgicos (beta 1 y 2)	Dopaminérgicos (D21)
Serotoninérgicos (S2)	Glucagon
Secretina	VIP (vasointestinal peptide)
Factor liberador de hormonas de crecimiento	Factor liberador de corticotropina
Hormona foliculoestimulante	Hormona Luteinizante
Tirotropina	Adenosina
Histamina (H2)	Prostaciclina

Inhibición de la enzima adenilato ciclasa

La enzima adenilato ciclasa puede estar regulada no sólo por activación, sino también por inhibición. Esta inhibición se produce a través de receptores de membrana con acoplamiento a proteína G en este caso, como ya se ha mencionado, la proteína G involucrada es la Gi.

El mecanismo de inhibición involucra a la subunidad alfa-i que interacciona con la enzima adenilato ciclasa.

Por lo tanto, los niveles intracelulares de AMP-cíclico pueden estar regulados a través de la activación de receptores y la posterior activación de adenilato ciclasa a través de la inhibición de la adenilato ciclasa también a través de la activación de receptores y por activación de la fosfodiesterasa, también a través de la activación de receptores de membrana.

Los receptores involucrados en la inhibición de la adenilato ciclasa son: adrenérgico (Alfa2), muscarínico (M2 y M3), dopamina (D2), encefalinas, vasopresina (V2), somatoestalina, trombina y adenosina (A2).

Fosfodiesterasa

Existen varias isoformas de la enzima fosfodiesterasa en la que una de ellas es estimulada a través de una proteína G denominada Gt. Esta estimulación se produce en retina, siendo el efecto final la detección de señales visuales.

La fosfodiesterasa más estudiada es la dependiente de calcio y calmodulina.

Dentro de las diferentes isoformas de la fosfodiesterasa existen cinco familias a saber:

Tipo I: calcio-calmodulina dependiente, es activada por agonistas muscarínicos y colinérgicos.

Tipo II: GMP-cíclico dependiente (activación), es activada por el ANF (Atrial-Naturetic-Factor).

Tipo III: GMP-cíclico dependiente (inhibición), es activada por insulina, glucagon y dexametasona (glucocorticoide sintético).

Tipo IV: AMP- cíclico específica, es activada por hormona folículoestimulante, prostaglandina E1, tirotropina y agonistas beta adrenérgicos.

Tipo V: GMP- cíclico específica, es activada por la luz, esta enzima es la que utiliza directamente el estímulo de la proteína G.

En todas las diferentes isoenzimas se presentan estructuras muy similares, encontrándose una región de 280 aminoácidos que son comunes a los diferentes tipos de isoenzimas.

Las mismas presentan un sitio regulador en la porción aminoterminal y la actividad catalítica en el carboxilo- terminal.

Algunas isoformas pueden modificar su actividad por fosforilación, este es el caso de la enzima estimulada por activación de los receptores para glucagon.

La activación de dichos receptores provocará la estimulación de la adenilato ciclasa con producción de AMP-cíclico y la activación de la proteína quinasa AMP –cíclico dependiente, la cual producirá la fosforilación de la fosfodiesterasa.

Sistema guanilato ciclasa

Segundo mensajero GMP-cíclico

Esta enzima convierte el guanosin-trifosfato en guanosin-monofosfato cíclico o GMP-cíclico.

Este sistema es muy interesante porque se ha descubierto que existen receptores con actividad intrínseca de guanilato ciclasa.

Estos receptores se comportan de forma semejante al descrito para los receptores de factores de crecimiento con actividad de tirosina quinasa. Son proteínas de membrana que están reguladas alostéricamente por agonistas que actúan por interacción con los dominios de receptor que miran hacia la región extracelular.

El GMP-cíclico formado activa la proteína quinasa GMP-cíclico dependiente, fosforilando proteínas específicas que modificarán la función celular.

Este sistema al igual que el de adenilato ciclasa está regulado por una fosfodiesterasa que convierte el GMP-cíclico en el GMP lineal inactivo.

Fosfolipasas como enzimas generadoras de segundos mensajeros

Varios fosfolípidos y productos derivados de fosfolípidos, generados por la acción de fosfolipasa, han sido postulados como mediadores de la acción de hormonas y /o neurotransmisores.

Las fosfolipasas han sido consideradas en la última década como un grupo de enzimas emergentes en importancia en los mecanismos de transducción de señales a través de la activación de receptores de membrana.

Las fosfolipasas pertenecen al grupo de enzimas denominadas acil-hidrolasas (fosfolipasa A1, A2 y B) y fosfodiesterasa las cuales incluyen a las fosfolipasas C y D.

Estas dos últimas enzimas actúan sobre el grupo polar de los fosfolípidos.

Dentro de este último tipo de fosfolipasas, la fosfolipasa C es responsable de la generación de los segundos mensajeros inositol-trifosfato y diacilglicerol.

Generalmente pueden actuar sobre varios fosfolípidos, aunque recientemente se ha descrito una fosfolipasa C y otra D que pertenecen al grupo de las fosfodiesterasas (rompen uniones fosfodiester). Algunos autores han denominado a estas enzimas fosfodiesterasas de nucleótidos cíclicos.

Los mensajeros más conocidos luego del AMP-cíclico y el GMP cíclico fueron el diacilglicerol y el inositol- trifosfato, sin embargo en los últimos años han crecido evidencias que muestra que los productos derivados de la acción de la fosfolipasa D como el ácido fosfatídico también desempeñan un papel muy importante en el mecanismo de transducción de mensajes a través de la estimulación o activación de receptores de membrana.

A continuación mostraremos un esquema que señala la acción de la fosfolipasa D.

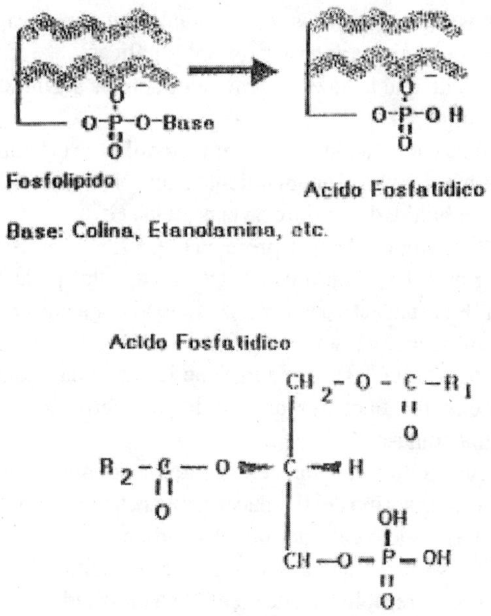

Figura 12. Esquema de la acción de fosfolipasa D que indica el paso de la hidrólisis del fosfolípido con formación de ácido fosfatídico.

Fosfolipasa C

Segundos mensajeros: diacilglicerol e inositol-trifosfato

El diacilglicerol e inositol-trifosfato son productos de la acción de la fosfolipasa C, que utiliza como sustrato al fosfatidilinositol. Este fosfolípido forma parte de una familia denominada fosfoinositidos por ser lípidos que contienen inositol.

Estos constituyen alrededor del 8% de los fosfolípidos de membrana. El fosfatidilinositol (PI) junto al fosfatidilinositol -4- fosfato o (PIP) y el fosfatidilinositol -4-5-bifosfato (PIP2) forman parte de este grupo de fosfoinositidos.

El sustrato de la fosfolipasa C en células intactas es el PIP2, sin embargo también ha sido descrito como sustrato el P1.

Existen varias isoformas de la fosfolipasa C dentro de las cuales se encuentran las llamadas alfa; beta; gamma y delta. Entre las beta se han descrito dos subtipos y en la delta tres subtipos.

Estas enzimas están asociadas a membranas, aunque se ha descripto también la presencia de enzimas solubles (citoplasmáticas).

Hay evidencia de que la enzima generadora de los segundos mensajeros es la ubicada en membrana.

El mecanismo de activación de la enzima fosfolipasa C incluye la activación de receptores de membrana, el acoplamiento a una proteína G y la interacción de la enzima con la subunidad alfa libre de la proteína G.

La proteína G involucrada es la proteína Gq. Este mecanismo está activado por un número grande de receptores y entre uno de ellos podemos mencionar a la Angiotensina II, la cual activa a través de su receptor a una de las isoformas de la fosfolipasa C la isoenzima Beta.

El inositol-trifosfato (IP3) formado tiene la capacidad de liberar calcio de depósitos intracelulares, el calcio junto al diacilglicerol son los encargados de activar la proteína quinasa C.

Este es el mecanismo de acción de estos dos segundos mensajeros. A su vez el calcio liberado por la acción del IP3 puede activar en presencia de la calmodulina a la proteína quinasa calcio calmodulina dependiente.

En la figura 13, se muestra una descripción esquemática de la señal generada por estimulación de un receptor (R) de membrana utilizando a la proteína Gq para estimular a través de la subunidad alfa –q libre a la fosfolipasa C (PCL).

Esta enzima cataliza la hidrólisis de inositol bifosfato también llamado fosfatidilinositol 4,5, bifosfato (PIP2) a diacilglicerol (DAG) e inositol trifosfato o inositol 1,4,5 trifosfato (IP3).

Este último libera calcio de reservas intracelulares. La fosforilación del IP3 a 1,3,4,5 tetrafosfato adiciona otro movilizador de calcio al sistema.

El calcio liberado junto al DAG activa la proteína quinasa C la cual fosforilará los sustratos específicos que modifican la actividad celular. Como se mencionó anteriormente el calcio liberado en conjunto con la calmodulina activará otra quinasa, la calcio-calmodulina dependiente.

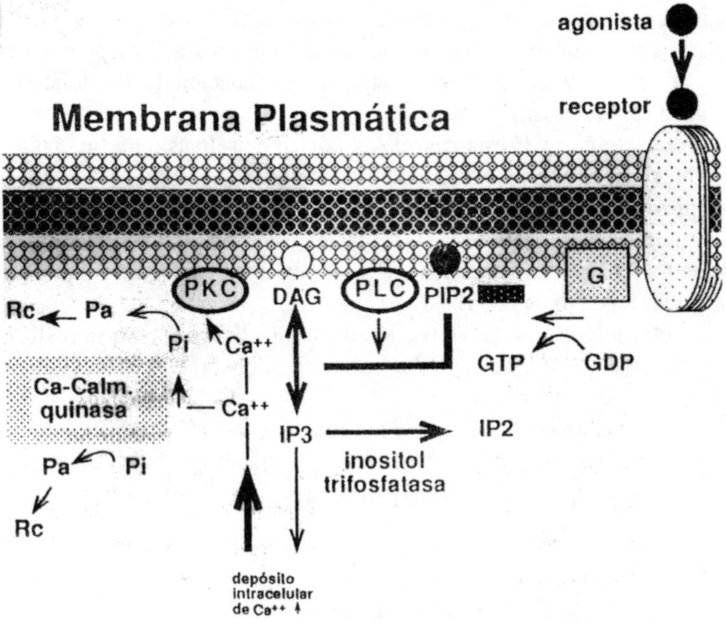

Figura 13. Descripción esquemática de la señal generada por estimulación de un receptor (R) de membrana utilizando a la proteína Gq para estimular a través de la subunidad alfa –q libre a la fosfolipasa C (PCL).

Existen varios receptores acoplados a este sistema, que utilizan como mecanismo transductor de señales a la activación de la proteína Gq, entre los más destacados se encuentran los activados por:

§ Agonistas alfa-1 adrenérgicos
§ Agonistas muscarínicos (M1,M4, M5)
§ Agonistas Serotonérgicos (s1)
§ Angiotensina
§ Vasopresina (VP-1)
§ Trombina
§ Factor liberador de tirotropina
§ Bombesina
§ Bradiquinina
§ Histamina (H1)
§ Factor activador de plaquetas

Es importante mencionar que todos los sistemas de transducción de mensajes descritos hasta aquí ocurren a nivel de la membrana plasmática, pero recientemente se ha observado que este mecanismo de formación de diacilglicerol e IP3 se puede producir en el núcleo.

La proteína quinasa C está ausente en núcleo de células no estimuladas y aparece luego de la estimulación con IGF1.

Tampoco se conoce el mecanismo de estimulación de la fosfolipasa C, pero se cree que el más probable es la fosforilación directa de la fosfolipasa C por acción de fosforilaciones sucesivas iniciadas por acción de la tirosina quinasa presente en el receptor de IGF1.

Existe otro mecanismo de activación de la fosfolipasa que no se realiza a través de la proteína Gq, este se produce por activación directa de la fosfolipasa por mecanismos de fosforilación.

Dentro de este tipo de activación tenemos el producido por el factor de crecimiento derivado de plaquetas (PDGF) que a través de la activación de la tirosina quinasa fosforila la isoenzima gamma de la fosfolipasa C.

Fosfolipasa D

Segundos mensajeros ácido fosfatídico

La fosfolipasa D es la encargada de generar ácido fosfatídico, uno de los segundos mensajeros descubiertos muy recientemente. Junto al ácido fosfatídico se produce colina, cuando el sustrato de la fosfolipasa es fosfatidilcolina. En principio se prensaba que el ácido fosfatídico no era un segundo mensajero y se postulaba que su función era ejercida a través de su metabolización en diacilglicerol. En la actualidad se conoce que el ácido fosfatídico puede actuar por sí mismo sin necesidad de conversión en diacilglicerol. Todavía no se conoce el mecanismo de activación de la fosfolipasa D generadora de ácido fosfatídico, pero se sabe que necesita un flujo de entrada de calcio y la presencia de GTP. Los estímulos que inducen la activación de la fosfolipasa D en los diversos tejidos son: carbacol, inoforos de calcio (agentes que inducen el influjo de calcio), esteres de forbol (agentes que estimulan la proteína quinasa C), diglicéridos sintéticos, IgE (inmunoglobulina E), vasopresina, factor liberador de gonadotrofinas.

Fosfolipasa A2

La Fosfolipasa A2 es una enzima que libera ácido araquidónico de fosfolípidos. Existen varias isoformas las cuales se han secuenciado y se conoce que están formadas por una sola cadena polipeptídica o subunidades de 120 aminoácidos.

Esta proteína contiene entre 10 a 14 cisteínas. Todas ellas forman puentes disulfuros. Estas cisteínas están conservadas a los largo de la evolución, se encuentran en mamíferos, reptiles e insectos.

Estas enzimas, que requieren calcio para su activación, conservan un sitio de unión al calcio llamado *binding loop*.

El sitio catalítico contiene un par de aminoácidos (Histidina-Aspártico) que también está conservado en evolución.

Esta enzima ha tomado gran interés en los últimos tiempos porque se cree que puede ser estimulada en membrana a través del dímero beta/gamma de la proteína G. Estos resultados se han demostrado en retina y en corazón.

Se cree también que la fosfolipasa A2 puede ser estimulada por la subunidad alfa-i que pertenece al grupo de proteínas que inhibe la activación de la adenilato ciclasa.

El ácido araquidónico es el precursor de las prostaglandinas y de los leucotrienos. Existe un gran número de hormonas que activan la liberación de ácido araquidónico y utilizan el mismo como intermediario en la acción hormonal, pero todavía no se conoce en detalle cuál es el mecanismo de acción que está involucrado en la activación de la liberación del ácido araquidónico de fosfolípidos, por acción de la fosfolipasa A2.

En células de Leydig del testículo y en células de la corteza adrenal se conoce que el ácido araquidónico desempeña un papel muy importante como intermediario en la acción de las hormonas luteinizante, adrenocorticotropina y angiotensina. En estos mecanismos, el ácido araquidonico es liberado por una acción concertada de dos enzimas, una acil-CoA sintetasa y una acil-CoA tioesterasa mitocondrial. Esta acción concertada permite que el ácido araquidonico se libere en compartimientos específicos, en este caso la mitocondria. Se postula que esta compartamentalización en la liberación de ácido araquidonico serviría para determinar su metabolización a productos cicloxigenados o lipoxigenados. Más aún se postula que este mecanismo podría operar para dirigir la célula a la apoptosis o muerte celular programada o a la regulación de la proliferación celular.

Esfingolípidos

Se menciona muy brevemente a los esfingolípidos, como una llamada de atención, por ser los esfingolípidos posibles candidatos a desempeñar un papel muy importante en los sistemas de transducción de mensajes a través de la activación de receptores de membrana. Su acción se ejerce sobre la proteína quinasa C. Más aún se piensa que podría existir un ciclo llamado *sphingomyelin* así como se ha descrito el ciclo de los fosfoinosítidos.

Patologías en las que se encuentra involucrada la proteína G

Existen diversas patologías en las cuales se han descrito alteraciones en las proteínas G que dan lugar a un acoplamiento erróneo entre los receptores y los efectores, produciéndose segundos mensajeros en forma anómala.

Dentro de estas patologías se encuentra la Osteo-Distrofia Hereditaria también conocida con las siglas AHO (*Albrigth Hereditary Osteodystrophy*). En esta patología existe una mutación en el gen que codifica para la subunidad alfa y que produce ARN mensajeros que dan lugar a varias isoformas de subunidad alfa todas ellas inactivas.

Los adenomas somatotróficos son tumores productores de hormona de crecimiento. Se producen por una mutación en el gen que codifica para la subunidad alfa (alfa-s) de la proteína Gs, que activa la enzima adenilato ciclasa. La mutación sustituye la arginina en la posición 201 o la glicina en la 222, que resulta en la síntesis de una subunidad ala-s superactiva por disminución de la actividad de GTPasa, inhibiendo la reasociación de las subunidades que no permite de esta forma cerrar el ciclo de activación. La actividad de GTP-asa se encuentra en la subunidad alfa. Es muy interesante que sólo la mutación de un aminoácido pueda provocar cambios en la acción de esta proteína. Otras patologías que se producen por mutación de alfa-s y que dan lugar a una alfa-s superactiva son: tumor de tiroides, tumor de glándula adrenal y ovario, y Mc Cune- Albrigth Síndrome.

Este último síndrome produce una pubertad precoz, asociadas a otras endocrinopatías que incluyen hipertiroidismo, tumores secretores de hormona de crecimiento e hiperplasias adrenales.

Se ha descrito que el incremento en la expresión de la subunidad alfa de la proteína Gi, que inhibe la enzima adenilato ciclasa en corazón, provoca cardiomiopatías. En individuos alcohólicos está descrita una inhibición de la enzima adenilato ciclasa en plaquetas y linfocitos.

El incremento de la contractilidad cardiaca por hormonas tiroideas. En el hipo e hipertiroidismo se presentan cambio en la expresión de las proteínas G.

También se ha encontrado este efecto en la secreción inadecuada de glucocorticoides y su efecto sobre osteoblastos, células de neuroblastomas, en corazón y en fibroblastos.

En la *non-insulin-dependent-diabelesmellitus* (NIDDM), el estado de diabetes coincide con varias anormalidades en la función de la proteína Gi en hepatocitos. Existe una caída en la inhibición de la adenilato ciclasa por agonistas alfa adrenérgicos y baja expresión de la subunidad alfa-i en plaquetas. Otras patologías en las que se encuentran disfunciones de las proteínas G son:

metástasis tumorales, desórdenes cardiovasculares, desórdenes neuropsiquiátricos y dependencia de drogas.

Se han descrito más de 100 receptores del tipo 7TMS. Estos receptores forman una familia muy diversa funcionalmente que por su dimensión se la ha llamado superfamilia de receptores. Responden a una gran variedad de hormonas y neurotransmisores, que abarcan desde pequeñas aminas biógenas como epinefrina (adrenalina) y norepinefrina (noradrenilanina) e histamina pasando por péptidos como sustancia P y bradiquinina hasta llegar a grandes proteínas tales como las hormonas glicoproteicas (hormona luteinizante y folículo estimulante y tirotrofina) u otras hormonas tales como la paratohormona. En la proteína G que se asocia a estos receptores se han descrito hasta el momento quince diferentes subunidades alfa, cinco subunidades beta, cinco subunidades gamma. Estas proteínas median la estimulación e inhibición de una gran variedad de sistemas efectores tales como adenilato ciclasa, guanilato ciclasa, fosfolipasa C y A2, todas ellas enzimas y además canales iónicos tales como el de calcio y potasio. La exploración molecular de esta superfamilia de receptores acoplados a proteína G ha revelado la existencia de muchos receptores inesperados que unen agonistas con diferentes efectos, que no pudieron ser detectados por los clásicos estudios farmacológicos. Por ejemplo se ha llegado a demostrar la existencia de cinco subtipos de receptores muscarínicos, nueve receptores adrenérgicos y más de catorce subtipos para el receptor de serotonina. Antes se pensaba que estos receptores presentaban no más de uno a cuatro subtipos. El receptor alfa-2 puede acoplarse a cuatro tipos diferentes de proteínas G en la misma célula. Este ejemplo muestra claramente que un único receptor puede acoplarse a más de una proteína G en una misma célula. Estos descubrimientos de una gran variedad de subtipos de receptores frecuentemente distribuidos en diferentes tejidos y con diferentes atributos celulares han abierto un potencial muy valioso para la acción de nuevos fármacos sin efectos colaterales.

3. Activación de receptores de membrana. Movimiento en membrana y su relación con la función

Cualquier entendimiento completo de las membranas biológicas obligatoriamente necesita de un detallado conocimiento de la naturaleza y la influencia de la interacción entre los lípidos y las proteínas que las componen.

Las membranas biológicas contienen una numerosa variedad de lípidos. El mayor papel de los lípidos en membrana es generar una organización tal que provea una barrera permeable entre los compartimientos internos y externos de la célula.

Ante esta barrera las proteínas pueden comportarse de dos formas:

a) Las proteínas con segmentos hidrofóbicos penetran en la bicapa lipídica. Se denominan proteínas intrínsecas o integrales de membrana.
b) Las proteínas solubles interactúan electrostáticamente con grupos cargados negativamente en la interfase agualípido. Se llaman proteínas extrínseca o periféricas.

Las bicapas lipídicas están organizadas de manera tal que permite una difusión lateral del lípido y la proteína en el plano de membrana. A este movimiento se lo puede denominar como la fluidez de la membrana.

La habilidad de los lípidos de asumir una conformación de bicapa está dada por una característica de los lípidos de membrana, que es la propiedad anfipática dada por la presencia de un grupo polar o hidrofílico y una región hidrofóbica.

La contribución química de ambos puede variar sustancialmente y el menos gasto de energía para la organización macromolecular predice que la región polar estará orientada hacia la fase acuosa y la hidrofóbica secuestrada lejos del agua.

Sin embargo, ahora es conocido que en algunas regiones de membrana existen lípidos que en su mayoría no adoptan una estructura de bicapa lipídica.

La fluidez de membrana depende de la naturaleza de la región con cadenas de ácidos que comprende el dominio hidrofóbico de la mayoría de los lípidos de membrana.

Muchos de los lípidos pueden producir una transición desde un gel muy viscoso (también llamado estado de congelamiento) a uno muy fluido llamado estado líquido cristalino y esta transición depende de la temperatura. Esta fluidez ha sido estudiada intensamente ya que puede estar participando en la regulación de procesos en los que intervienen componentes de membrana. A temperatura fisiológica, la mayoría de los lípidos se presentan en forma líquido-cristalina y este estado depende de la presencia de dobles enlaces de posición cis de la cadena de acilos, donde la presencia de ellos pueden disminuir dramáticamente la temperatura de transición del estado sólido al líquido-cristalino. A esta temperatura se la denomina punto de fusión.

Existen proteínas de membrana que se mueven dentro de su plano, entre ellas se encuentran los receptores. Esta afirmación está basada en estudios que usan técnicas de fluorescencia y en la microscopía electrónica. Estos estudios dieron lugar a la teoría o modelo del *receptor móvil* o *receptor flotante*. Esta teoría propone que los receptores en membrana al poder difundir a lo largo de ella tienen la oportunidad de interactuar con los sistemas efectores.

Los sistemas efectores pueden ser otras enzimas o intermediarios que dan lugar a la formación de las señales intracelulares que modifican la función celular. Esta teoría del receptor móvil introduce una flexibilidad enorme dando la posibilidad de pensar que un receptor podría acoplarse a más de un sistema efector.

Numerosos estudios han confirmado que varios receptores para hormonas, factores de crecimiento, se mueven en plano de la membrana.

Usando hormonas marcadas con sustancias fluorescentes, por ejemplo, insulina o factor de crecimiento epidérmico, se observa que luego de la interacción de la hormona con el receptor, inicialmente su distribución es bastante homogénea a lo largo de la membrana plasmática, pero en pocos minutos se puede observar una agregación de moléculas de receptor que forman los llamados *patches* (la traducción de *patches* es remiendo, y se utiliza porque al microscopio se observa una zona más densa en la superficie de la membrana, que también se asemejan a agregados).

La formación de estos agregados depende de la presencia de hormonas. Usando métodos más sensibles tales como (*photobleaching*) se observa que los receptores se pueden microagregar en forma de oligómeros y esto ocurre en milisegundos.

Se han demostrado para algunos receptores, tales como insulina, factor de crecimiento epidérmico, hormona luteinizante, que esta microagregación es necesaria para que a través de la activación del receptor se obtenga una respuesta mediada.

3.1 Regulación positiva y negativa de receptores (*Down regulation* o *Up regulation*)

La regulación del número de receptores expuestos en membrana es un aspecto importante dentro de su función en el mecanismo de acción de hormonas y neurotransmisores.

Todas las proteínas tienen un control en la síntesis y en su degradación que determina la cantidad de proteínas presentes en un momento determinado de la vida celular. El receptor, que es una proteína, también presenta la ya programada velocidad de síntesis y velocidad de degradación, que origina el llamado *turn over* (recambio) del receptor. Sin embargo, estos receptores pueden, además, variar en número y en calidad (afinidad por la hormona) según el estadio de la célula en el ciclo celular o la presencia de hormonas en el espacio extracelular. Esta regulación se produce por un reciclaje del receptor en la membrana llegando en algunos casos a enmascararse, es decir, estar situado en membrana pero no a la vista de la hormona, o en otros casos, llegar al interior de la célula y retornar a la membrana.

El incremento del número de receptores en membrana se denomina *up regulation* o regulación positiva y la caída del número de receptores en membrana se denomina *down regulation* o regulación negativa.

La regulación negativa involucra varios mecanismos entre los cuales se conocen: el enmascaramiento de receptores en membrana,la internalización de receptores y disminución de su síntesis.

Por intermedio de estos fenómenos de aumento o disminución del número de receptores se llega a modificar la función de la célula, y esta modificación puede ser mediada por la misma hormona que interactúa con el receptor. A esta regulación se la llama homóloga.

Además de esta regulación homóloga existe la llamada regulación heteróloga que se produce por la interacción de otras hormonas con sus propios receptores que generan una acción directa en membrana o indirecta a través de la síntesis de segundos mensajeros.

En una gran proporción, este tipo de regulaciones tiene como principal objetivo regular la síntesis de ARN mensajeros para los receptores y, en menor proporción, se debe al reciclaje de los mismos o el mencionado enmascaramiento o en el caso de regulación positiva al desenmascaramiento de los receptores en membrana. Sin embargo, en medida de tiempo se produce en primera instancia el reciclaje y luego la disminución de la síntesis de ARN mensajero.

Otra regulación importante de la respuesta celular mediada por recetores es la llamada "desensibilización". Este concepto relativamente nuevo en el área de las hormonas es un fenómeno largamente conocido en la farmacología como "taquifilaxia". Es la capacidad de un sistema de disminuir la respuesta ante repetidas exposiciones de la célula a una agonista. En el caso de los receptores, cuando la hormona interactúa con los mismos luego de producirse la activación y generarse el mensaje, se produce un desacople entre el receptor y la enzima generadora de dicho mensaje. Este fenómeno hace que a pesar de existir receptor en membrana capaz de reconocer a la hormona, y hormona existente en el espacio extracelular esta no cumpla su efecto.

La desensibilización puede ser homóloga o heteróloga. La homologa está dada por un efecto del agonista, la heteróloga está producida por agentes que no interactúan directamente con el receptor.

La desensibilización en el receptor beta-adrenérgico involucra a una proteína quinasa llamada *beta-adrenergic-receptor-kinase* siendo esta una proteína de 85 kDa. Esta, produce la fosforilación del receptor en la región del carboxilo terminal, luego de la unión del agonista al receptor y de esta manera se desencadena la desensibilización. Se produce el desacople del receptor con la proteína G; aun existiendo receptor en membrana capaz de reconocer a la hormona. Este fenómeno no es exclusivo del receptor beta-adrenérgico sino es un fenómeno descrito en varios receptores a proteínas G. Esta proteína quinasa no es única de los sistemas beta-adrenérgicos y se ha demostrado su presencia en varios sistemas involucrados en la regulación de la enzima generadora de segundo mensajero, la adenilato ciclasa. Se piensa que estas proteínas pertenecen a una familia de proteínas derivadas de un gen común.

Luego de este proceso de desensibilización, se produce el fenómeno llamado "internalización" de receptores que trae como consecuencia la desaparición de los mismos de la membrana plasmática. Este último fenómeno forma parte de la regulación negativa de receptores o *down regulation* mencionada anteriormente.

En la próxima figura se presenta un diagrama que esquematiza el proceso de fosforilación del receptor, la acción de proteína arrestin y la desensibilización del sistema. Esta desensibilización se revierte por la acción de proteínas fosfatasas que defosforilan al receptor.

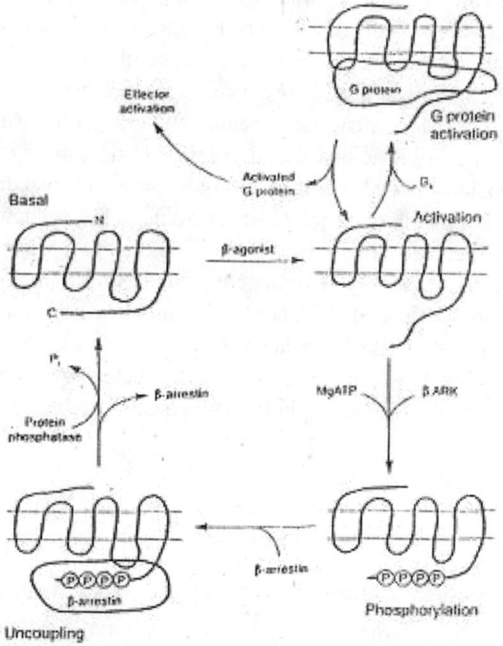

Figura 14. Diagrama que esquematiza el proceso de fosforilación del receptor, la acción de proteína arrestin y la desensibilización del sistema.

3.2 Internalización de receptores

La internalización es un fenómeno que se produce luego de la ya mencionada agregación. Aún no se conoce si este fenómeno de internalización, además de tener como función la regulación del número de receptores en membrana, tendría otras funciones tales como introducción de la hormona y el receptor a la célula para que uno de ellos o ambos o fracciones de los mismos puedan ejercer una acción en eventos tardíos, tales como la diferenciación celular o la división celular.

Existen fenómenos de internalización no mediada por receptores, los cuales se realizan a través de la interacción de sustancias con proteínas de membrana. Para diferenciarlas de los receptores de hormonas, algunos autores tienden a llamar a estas proteínas, aceptores.

Podemos citar dos ejemplos de este fenómeno:

1) La liberación de cobalamina (vitamina B12) al interior de la célula luego de formarse el complejo TLII-cobalamina.
2) El otro ejemplo es la introducción de colesterol dentro de la célula a través de la interacción de LDL con una proteína de membrana.

La diferencia entre receptor y aceptor está dada por el hecho de que las hormonas proteicas cuando se unen a sus receptores no necesitan entrar en la célula para ejercer su acción; más aún, en algunos casos los receptores pueden ser activados y transmitir la señal por un agente distinto a las hormonas, como ejemplo anticuerpos. Es por ello que se conoce que la información para generar la respuesta celular reside en el receptor y no en la hormona.

Moléculas grandes como proteínas plasmáticas, virus, toxinas, etc., son internalizadas por medio de aceptores. La fagocitosis o pinocitosis son procesos mediante los cuales la célula introduce sólidos.

Estos términos han sido utilizados pero no distinguen entre introducción de elementos funcionales o morfológicos.

3.3 Internalización por la vía receptor

El mecanismo íntimo de la internalización de receptores mediado por la hormona no es conocido. Todas las células deben introducir moléculas desde el exterior al interior por transportadores específicos. En el caso de la introducción de hormonas al interior de la célula, este proceso se denomina internalización vía receptor.

Esta internalización se realiza en regiones especializadas de membrana llamadas *bristle-coated-pit*. Esta región está formada principalmente por una proteína llamada clatrina. Los *coated-pits* fueron descubiertos por primera vez en 1964 por Roth y Porter en ovocitos de mosquitos, y luego se descubrió en todo tipo de células.

Ellos notaron que estas estructuras estaban involucradas en la absorción selectiva de sustancias desde el exterior al interior de la célula. Dado que en el caso de las hormonas está internalización se realiza mediada por receptor a este *coated pit* se lo denomina receptosoma.

La lista de sustancias que entran a la célula vía receptosoma es muy grande e incluye a las hormonas, factores de crecimiento, proteínas ligadoras de metales, virus, etc. Este sistema rápida y selectivamente concentra el complejo receptor-ligando en el receptosoma antes de entrar a la célula. La célula puede internalizar todos los complejos en pocos minutos sin internalizar cantidades significativas de otras proteínas de membrana. Los *coated pits* ocupan el 2% de la superficie celular y se calcula que cada receptor puede encontrar un *coated pits* cada 4 a 5 segundos. Los *coated pits* son estructuras estables en la membrana plasmática, la clatrina, que forma parte de los mismos, se le ha acreditado la función de mantener la comunicación con el exterior.

Todas las formas de endocitosis requieren energía. En el caso de formación de receptosomas que son la conjunción de los receptores dentro de los *coated pits*, se ha sugerido que una enzima capaz de producir una unión cruzada (*cross-linking*) de proteínas entre la lisina de una de ellas y la glutamina de la otra, seria la responsable de que los receptores interactúen con los *coated pits*. Esta enzima es la trans-glutaminasa.

Al medir la capacidad de la internalización a través de estas estructuras, se ha determinado que la célula es capaz de internalizar 1.500.000 moléculas por minuto. Luego de entrar en el receptosoma, el ligando es transportado para ser tomado por los lisosomas y el receptor reciclaría a membrana. Se ha sugerido que dentro del receptosoma y por acción de una ATPasa se produce una disminución del pH por formación de protones, que provocaría la disociación de la hormona de su receptor. De esta forma, la hormona y el receptor toman caminos diferentes: la hormona se dirige al complejo de Golgi y el receptor reciclaría a membrana. La región Golgi a la cual iría la hormona es donde se forman los nuevos lisosomas.

En la figura siguiente se esquematiza el mecanismo de internalización que divide al proceso en diferentes etapas.

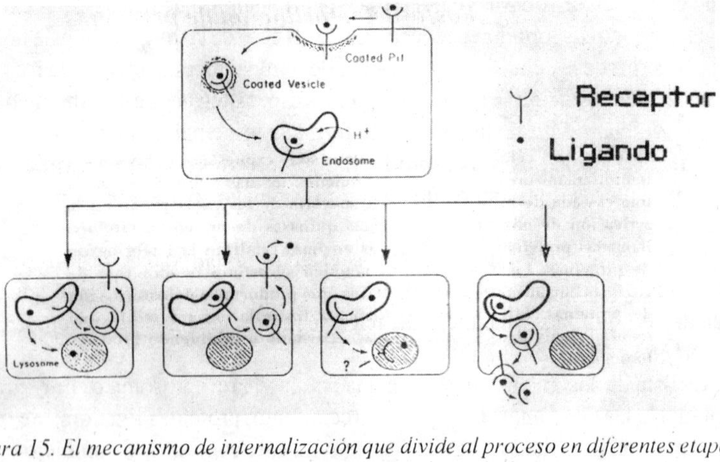

Figura 15. El mecanismo de internalización que divide al proceso en diferentes etapas.

4. Mecanismo de acción de los segundos mensajeros. Fosforilación y defosforilación de proteínas

En este capítulo estudiaremos los mecanismos de fosforilación y defosforilación de proteínas. Prestaremos una particular importancia a estos mecanismos porque ahora se conoce que son los principales reguladores de la función celular y particularmente los principales reguladores en la acción de las hormonas. Estos procesos de fosfo-defosforilación de proteínas se realizan por dos tipos de enzimas: proteínas quinasas y proteínas fosfatasas.

Proteínas quinasas

Cuando las células del organismo son expuestas a hormonas, neurotransmisores, factores de crecimiento, toxinas o drogas, se inicia una cascada de eventos que en la mayoría de los casos producen la activación de enzimas denominadas quinasas de proteínas o proteínas quinasas. Estas enzimas catalizan la transferencia de fosfato a las proteínas. En estos procesos también se estimulan otro tipo de enzimas llamadas proteínas fosfatasas, que producen la liberación del fosfato que se ha unido a las proteínas. Ello produce la llamada fosforilación reversible que regula la actividad de las proteínas, activando o inhibiendo procesos biológicos.

Las enzimas son estructuras orgánicas especializadas en catalizar reacciones biológicas. Dentro de las estructuras orgánicas, hasta hace muy poco tiempo, se pensaba que las enzimas eran todas de constitución proteica.

Esto aún sigue siendo válido con algunas excepciones; estas dos excepciones corresponden a los ácidos nucleicos, en particular al ácido ribonucleico (ARN) que en algunas ocasiones puede tener actividad enzimática.

Las enzimas se caracterizan por poseer un gran poder de catálisis con alta especificidad, este poder puede ser regulable. Inicialmente las enzimas fueron descubiertas en los procesos biológicos de producción de alcohol por las levaduras, y por ello en un principio fueron llamadas fermentos.

A partir de 1877 se las denominó enzimas, ya que se pensaba que dependían de la célula para ejercer su función. Más tarde se descubrió que estas estructuras pueden también actuar en ausencia de las estructuras celulares. La primera enzima aislada, purificada y cristalizada fue la ureasa; este trabajo fue realizado por Summer en 1926 quien descubrió que era de estructura proteica. (La ureasa cataliza la hidrólisis de la urea para dar amoníaco y anhídrido carbónico).

En la actualidad han sido cristalizadas una gran cantidad de enzimas y, como se mencionó anteriormente, la mayoría son proteínas. La estructura tridimensional y la topografía de superficie son muy importantes para la acción de las macromoléculas en especial las enzimas.

Esta estructura especial se puede conocer mediante el análisis por difracción de rayos X de cristales, que son el estado de máxima pureza de una sustancia, estado que permite el análisis de su estructura molecular por rayos X.

De ahí la importancia de poder lograr la cristalización de estas estructuras.

La sustancia sobre la cual la enzima produce la catálisis se la denomina sustrato, la sustancia resultante de este proceso de catálisis se la denomina producto. Se puede entonces definir a la reacción enzimática como el proceso de conversión de un sustrato en producto.

Las acciones de las enzimas son muy diversas pudiendo catalizar reacciones de óxido-reducción, transferencia de grupos funcionales, producir hidrólisis, isomerización, etc. Para cada reacción biológica catalizada por una enzima, a esta última se le asigna un nombre. No existe una regla fija para ello y generalmente se atribuye un nombre semejante a la función que cumple; por ejemplo, si la enzima transfiere grupos fosfato a proteínas se las denomina *fosfotransferasas* o *quinasas de proteínas* o *proteínas quinasas*.

La enzima se puede cuantificar o medir por su actividad específica, que representa el número de unidades enzimáticas por miligramo de proteína. También se la puede cuantificar por su actividad molecular, que representa el número de moléculas de sustrato transformadas por minuto en condiciones de temperatura y pH establecidos, cuando la enzima es la limitante en la reacción.

Como se mencionó anteriormente, la fosforilación de proteínas es un proceso reversible, muy importante para la regulación de funciones celulares de numerosos estímulos fisiológicos.

Este proceso reversible está regulado por una fosfo-defosforilación por intermedio de la acción de quinasas de proteínas para el proceso de fosforilación y de fosfatasas para el proceso de defosforilación. No siempre la fosforilación está asociada a activación y la defosforilación a inactivación, existen procesos activados por una defosforilación e inhibidos por fosforilación.

La activación de las proteínas quinasas produce la modificación química covalente en proteínas clave, las cuales van a producir cambios en el comportamiento de esa célula. La modificación covalente en estas proteínas se produce por la introducción de grupos fosfatos en los aminoácidos de la proteína.

En un gran número de fosfoproteínas estudiadas se observó que los aminoácidos que tienen fósforo unido covalentemente son serina, treonina, tirosina, histidina, lisina, aspártico y glutámico.

Sin embargo, en los sustratos endógenos de las diferentes proteínas quinasas los aminoácidos que generalmente se fosforilan son la serina, treonina y la tirosina.

Luego de la reacción enzimática de la proteína quinasa, el grupo fosfato está unido a la proteína casi siempre como fosfomonoéster, aunque algunas veces se han encontrado fosfodiéster, por ejemplo en serina.

En los esquemas siguientes se muestran las formas fosforiladas de la serina, treonina y la tirosina, en la que el fosfato se presenta como fosfomonoéster.

En la Figura siguiente se ejemplifican los fosfoaminoácidos más comunes.

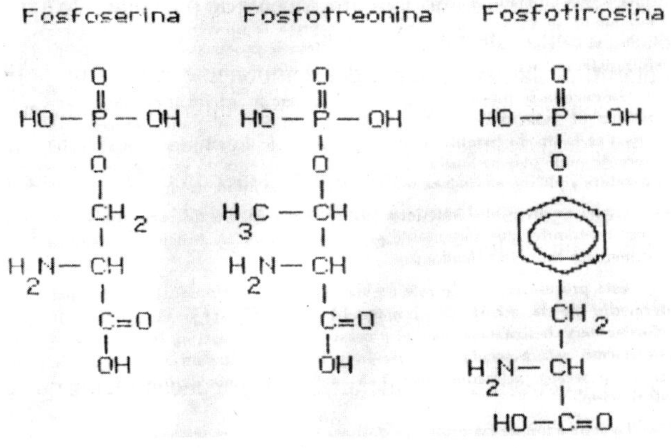

Figura 16. Fosfoaminoácidos más comunes.

El grupo fosfato proviene de nucleótidos trifosfatos, generalmente este nucleótido es el adenosin-trifosfato (ATP) el cual cede el fosfato de la posición gama transformándose en adenosin-difosfato (ADP), pero existen fosforilaciones en las que el dador de grupos fosfatos puede ser guanosin-trifosfato (GTP).

Por lo tanto, a las proteínas quinasas se las puede definir como aquellas capaces de transferir grupos fosfato de la posición gama de nucleótidos trifosfatos a los aminoácidos serina, treonina o tirosina, en las proteínas sustrato de estas enzimas.

Cuando se produce una reacción biológica esta se puede clasificar de acuerdo con los componentes de la reacción, y pueden ser mono o bimoleculares.

Este concepto se utiliza para luego clasificar a la reacción de acuerdo con la dependencia de los componentes que intervienen en la reacción, por ejemplo, cuando en una reacción se transforma una sustancia A en B, si la reacción solo depende de un componente se la denomina de primer orden.

Depender de un solo componente significa que la reacción será proporcional a la concentración de ese componente. Cuando la reacción depende de dos componentes se la denomina de segundo orden y así sucesivamente.

En el caso de la proteína quinasa, hemos visto que la acción de la enzima depende del sustrato y además del ATP como dador de grupos fosfato. En aquellas proteínas quinasas que pueden ser reguladas, por ejemplo la proteína quinasa AMP-cíclico dependiente, esta enzima además dependerá de la presencia del regulador.

Existe una constante llamada constante de proporcionalidad que representa la velocidad de la reacción y simplemente vincula las concentraciones molares del o de los componentes, como el tiempo necesario para que A se transforme en B, como en el ejemplo anterior.

Para determinar la desaparición del componente A se toma la diferencial negativa de la concentración de A (-d {A}). Esta diferencial es negativa porque mide la desaparición de la sustancia A. De ahí la constante mencionada será K= -d {A} x dt y la unidad de esta constante es generalmente $segundo^{-1}$.

La integración de esta fórmula para calcular la cinética de la reacción está indicada de la siguiente forma:

$$\text{Log}\,(Ao / A1) = k \times t / 2.303$$

en la que Ao es la concentración inicial y A1 es la concentración que queda a t1 y t1 es el tiempo transcurrido de reacción.

Cuando la reacción es independiente de cualquier reactante o componente se la denomina de orden 0 y en el caso de que dependa de 2 reactante aunque la concentración de una es muchas veces superior a la del otro, se la denomina seudo orden 1.

Con la introducción del dador de grupos fosfatos se puede observar que no solo el sustrato se transforma en producto, sino que también en esta reacción el ATP se transforma en ADP. Además esta reacción necesita del Mg^{++}.

No sólo la proteína quinasa sino la mayoría de las enzimas necesitan para actuar el sustrato y otros componentes, generalmente de estructura no proteica, a los cuales se los llama cofactores; si esta estructura es una molécula orgánica recibe el nombre de coenzima.

La enzima unida al cofactor recibe el nombre de holoenzima. La acción de los cofactores generalmente se producen en la región catalítica o como grupo puente, para la unión del sustrato, y formar un complejo enzima-sustrato-cofactor. Cuando una coenzima (que recordamos es un cofactor orgánico) se une fuertemente a la enzima se lo denomina grupo prostético.

Activación de las proteínas quinasas

Por lo general, las proteínas quinasas son activadas luego que un estímulo llega a la célula. Cuando este estímulo tiene como primer blanco la membrana plasmática, luego de esta interacción, se generan los llamados "segundos mensajeros", los cuales son los activadores directos de las proteínas quinasas.

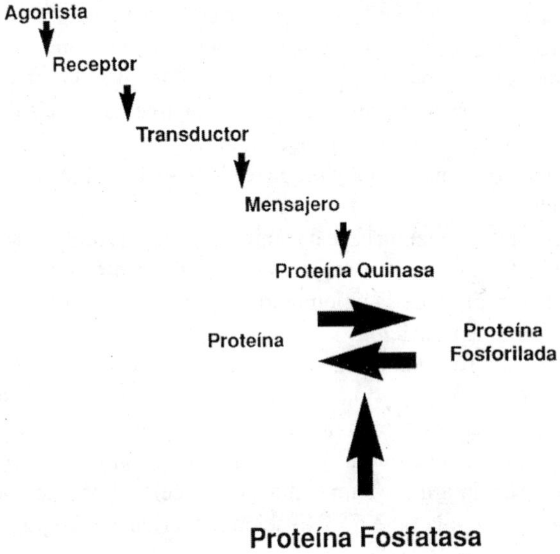

Figura 17. Activación de proteína quinasa.

Un ejemplo de este tipo es el de los nucleótidos cíclico 3´,5´adenosin monofosfato cíclico (AMPc) y 3´,5´ guanosin monofosfato cíclico (GMPc); los otros segundos mensajeros pueden ser el calcio y los fosfolípidos. Las proteínas quinasas usan entonces como sustrato a una proteína, como dador de grupos fosfato al ATP y aquellas regulables usan como reguladores a los segundos mensajeros.

Las proteínas quinasas necesitan de otro cofactor, este es el metal Ion magnesio Mg^{++} y, en algunos casos, puede utilizarse el manganeso Mg^{2+}.

Si bien existe especificidad de sustrato (proteína) para las diferentes proteínas quinasas, muchas proteínas son fosforiladas por más de una proteína quinasa, hasta se podría decir que esto es más regla que una excepción.

Un ejemplo muy notable de este hecho es la múltiple fosforilación de la enzima glucógeno-sintetasa, la cual es fosforilada por lo menos por cinco diferentes proteínas quinasas en siete residuos diferentes de serina. La fosforilación de estas proteínas que a su vez son enzimas modifican su actividad enzimática.

El mecanismo descrito es muy interesante, ya que una misma enzima puede ser estimulada o inhibida por varios estímulos diferentes a través de la estimulación de las proteínas quinasas.

Se coloca estimuladas o inhibidas porque como se mencionó anteriormente, no siempre la fosforilación de una enzima va a producir el aumento de su actividad, se puede dar el caso que se produzca la inhibición de la actividad.

Para que un sustrato se transforme en producto en ausencia de enzimas la probabilidad de que esto ocurra, es decir que se rompa una unión química y se forme el producto, es muy baja y requiere un tiempo casi infinito para que se forme el producto.

La presencia de la enzima hace que una población de moléculas del sustrato tengan suficiente energía para ser activadas y, de esta forma, incrementar la probabilidad de ruptura de la unión química mencionada. A este estadío se lo denomina estadío de transición.

El proceso de activación que depende de energía se define como la cantidad de energía requerida para que todas las moléculas de un mol de sustrato alcance el estadio de transición y se conviertan luego en producto.

A esta energía se la denomina energía de activación y es dependiente de la temperatura. La enzima, a una temperatura, dada acelera las reacciones químicas, disminuyendo la energía libre de activación requerida para lograr el estadio de transición.

El mecanismo por el cual la fosfo-defosforilación regula actividades enzimáticas u otras actividades en las proteínas es desconocido, pero se piensa que la unión fosfato-proteína al tener una alta energía libre de hidrólisis, con la formación de la unión o el clivaje, produciría cambios conformacionales muy importantes que afectarían la actividad de las mismas.

Es por ello que la fosforilación es un mecanismo de regulación de la función celular excelente y puede producir la activación o inhibición de la función de una proteína en microsegundos y esta regulación es reversible, ya que una proteína quinasa introduce los grupos fosfatos y una fosfatasa los quita haciendo así reversible la activación o la inhibición, como se indica en la Figura 18.

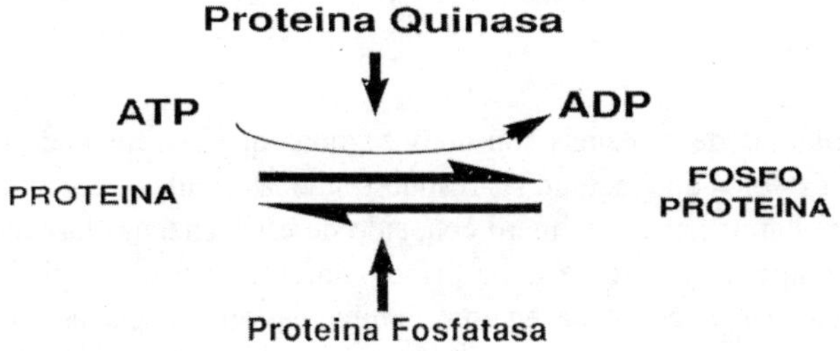

Figura 18. Activación o inhibición de la función de una proteína.

5. Estructura de los sitios reguladores y catalíticos en las proteínas quinasas

Las quinasas de proteínas son unas enzimas que son mediadoras de los estímulos externos que regulan las respuestas de las células.

En los últimos años el número conocido de estas enzimas ha crecido casi exponencialmente y esto se debe principalmente al uso del clonado y la secuenciación de genes, ya que en estas familias existen secuencias conservadas las cuales son usadas para aislar e identificar nuevos miembros de las mismas.

Generalmente, las quinasas de proteínas presentan dominios catalíticos y dominios reguladores que pueden estar en una misma cadena polipeptídica o en cadenas o subunidades diferentes. Uno de los dominios más conservados es el dominio catalítico. Este dominio presenta entre 250 a 300 aminoácidos y corresponde a una masa molecular de 30-40 kDa.

La localización del dominio catalítico dentro de la proteína en las diferentes proteínas quinasas no es fijo, sin embargo, cuando las proteínas quinasas están constituidas por una subunidad única, este dominio está cercano al –COOH terminal.

Por lo general, existen en estas enzimas un dominio regulador que en el caso de una subunidad única, este se halla cercano al grupo NH_2 terminal.

En las proteínas quinasas constituidas por estructuras de múltiples subunidades, una de ellas constituye enteramente la subunidad catalítica.

Estas proteínas quinasas son familias de proteínas muy conservadas; tal es así que existen genes que expresan este tipo de enzimas en invertebrados, en levaduras y en Drosophila. Esta observación junto al hecho de que los dominios catalíticos de las tirosinas quinasas son componentes de las moléculas de los receptores de factores de crecimiento, sugiere que esta especificidad es consecuencia del desarrollo y la evolución que da conjunción en la adquisición de multicelularidad y comunicación entre las células de los organismos superiores.

En el dominio catalítico a lo largo de la evolución, existen secuencias de aminoácidos que están altamente conservados en las diferentes especies y esto hace pensar que dichos aminoácidos tienen un papel muy importante en la acción catalítica de la enzima. Por ejemplo una secuencia dada por:

GLICINA – X- GLICINA –X-X –GLICINA

es hallada en la mayoría de las proteínas quinasas del dominio catalítico cercano al amino terminal. Cuando se coloca X quiere decir que esta posición puede ser ocupada por cualquier aminoácido.

Basado en modelos tridimensionales se ha sugerido que la secuencia antes mencionada, estaría involucrada en la unión de ATP formando un codo cerca del nucleótido donde la primera glicina estaría en contacto con la ribosa y la segunda glicina con el último fosfato (en la posición gamma) del ATP.

Otra posición importante dentro del dominio catalítico es la lisina en la posición 72. Este residuo está directamente involucrado en la reacción de transferencia de fosfato, principal acción de esta enzima.

Todas estas deducciones, han sido realizadas utilizando una técnica llamada *Site-Directed-Mutagenesis*, que significa mutación dirigida a un sitio único; de esta manera cuando se sustituyen los aminoácidos clave por otro aminoácido no equivalente en carga, la proteína quinasa pierde su actividad catalítica.

Existen otros aminoácidos también involucrados en la unión del ATP, y son los correspondientes a aspártico en la posición 166 y una asparagina en la 171, un aspártico en la 184, una fenilamina en la 185 y una glicina en la 186.

Estos residuos han sido encontrados incluso en numerosas fosfotransferasas de bacterias que usan al ATP como dador de grupos fosfatos.

El aminoácido aspártico en la posición 166 y 184 ha sido postulado como intermediario para el puente que se realiza entre el ATP y el magnesio. Es muy bien conocido que el magnesio es el cofactor indispensable para estas proteínas quinasas.

Existe otra región constituida por tres aminoácidos: alanina, prolina y glutámico (posición 206/7/8), catalogada como imprescindible para la reacción de catálisis, pero aún no se conoce la función de estos residuos.

5.1 Clasificación de las proteínas quinasas

Todas las proteínas quinasas se han caracterizado por ser divididas en dos grandes clases de acuerdo a su especificidad por el sustrato, llamadas: a) serina-treonina quinasas y b) tirosina-quinasas.

Estas dos clases de proteínas quinasas, a pesar de tener especificidad de sustrato diferente, poseen dominios catalíticos muy similares entre sí y sólo es diferente un pequeño grupo de aminoácidos dentro del dominio catalítico que da la característica a cada clase.

Para denominar a una proteína quinasa específica para serina-treonina, la región catalítica debe tener un dominio constituido por:

ASPÁRTICO-LEUCINA-LISINA-PROLINA-GLUTAMICO-ASPARAGINA

Por ejemplo, concretamente en la proteína quinasa AMP-cíclico dependiente este dominio corresponde al aspártico en la posición 166 hasta la asparagina 171.

Los dominios que dan la especificidad a las tirosinas quinasas están constituidos por los siguientes aminoácidos.

ASPÁRTICO-LEUCINA-ARGININA-ALANINA-ALANINA-ASPARAGINA

Dentro de las proteínas quinasas serina treonina se las puede dividir en tres subgrupos de acuerdo con el modo de regulación del dominio catalítico, y ellos son: a) dependiente de nucleótidos cíclicos, b) dependiente de Ca^{++} y fosfolípidos y c) dependiente de Ca^{++} y calmodulina.

En este caso los nucleótidos cíclicos, el calcio y los fosfolípidos son reguladores, no son cofactores. Es por ello que este tipo de enzimas entra dentro de la clasificación de enzimas reguladas.

Dado que el regulador no se une covalentemente a la enzima y lo hace en un sitio alejado del sitio catalítico, las proteínas quinasas de este grupo se las puede denominar "enzimas alostéricas".

Estrictamente, se definía a las enzimas alostéricas como aquellas regulables por un metabolito terminal de una reacción. Pero este término puede ser ampliado para este tipo de enzimas reguladas por segundos mensajeros.

Las tirosina-quinasas pueden clasificarse en grupos como miembros de subfamilias de oncogenes o subfamilias de receptores para factores de crecimiento.

En este caso los reguladores son los factores de crecimiento: receptor de insulina, receptor de factor de crecimiento epidérmico y receptor de factor de crecimiento de plaquetas.

5.2 Serina treonina quinasas

5.2.1 Proteína quinasa dependiente de nucleótidos cíclicos

Proteína quinasas dependiente de AMP-cíclico

Dentro de los miembros de la familia de proteínas quinasas serina-treonina está la subfamilia nucleótidos cíclicos-dependiente, y dentro de ésta la AMP cíclico y la GMP cíclico dependientes.

Se denominan con este nombre porque estas enzimas necesitan que el AMP-cíclico o el GMP-cíclico interactúe con una de sus subunidades para que la enzima catalice la transferencia de grupos fosfato del ATP a serina o treonina en las proteínas.

La proteína quinasa AMP-cíclico dependiente está constituida por dos subunidades diferentes denominadas subunidad reguladora y subunidad catalítica.

Estas dos subunidades en la proteína están formando un tetrámero compuesto por dos subunidades reguladoras idénticas y dos subunidades catalíticas idénticas.

Dentro de la clasificación de enzimas esta quinasa entra en el grupo de las holoenzimas por su constitución en subunidades y como se mencionó anteriormente dentro de las enzimas alostéricas por su mecanismo de regulación.

La proteína quinasa AMP-cíclico dependiente se halla en la mayoría de los tejidos y es la enzima que se activa luego de la cascada de eventos producidos por la interacción de algunas hormonas, neurotransmisores o toxinas con la superficie de la membrana plasmática de la célula.

Estas sustancias luego de interaccionar con su receptor estimulan una enzima de membrana denominada adenilato ciclasa que produce la transformación del ATP en AMP-cíclico. Este AMP-cíclico generado es el que actuará sobre la proteína quinasa para producir su activación.

No se debe confundir y mencionar que el AMP-cíclico es un agente fosforilante, el agente fosforilante es la enzima quinasa y el AMP-cíclico es quien la activa. En condiciones de no estímulo o basales, dentro de la célula existe casi siempre una población de moléculas de subunidades catalítica libre.

Activación de las proteínas quinasas dependientes de AMP-cíclico

Para que la proteína se active, el AMP-cíclico se une a la subunidad reguladora, esta cambia su afinidad por la subunidad catalítica, liberando de la holoenzima, esta subunidad. Cuando la subunidad catalítica está libre es cuando puede catalizar la reacción de transferencia de los grupos fosfatos.

Esta reacción de separación de subunidades es reversible, esto significa que en ausencia de AMP-cíclico se volverán a reunir las subunidades reguladoras y catalíticas para formar nuevamente el tetrámero.

En la siguiente figura se muestra un esquema de activación de la proteína quinasa AMP-cíclico-dependiente:

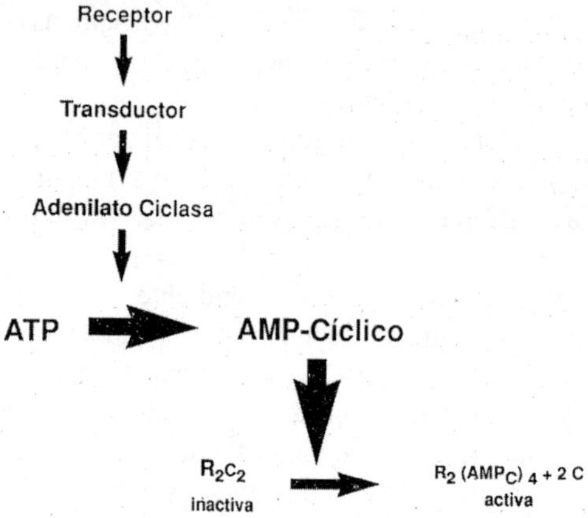

Figura 19. Esquema de activación de la proteína quinasa AMP-cíclico-dependiente.

La proteína quinasa AMP-cíclico dependiente se presenta en los diferentes tejidos en forma de dos isoenzimas que fueron llamadas originalmente del tipo I y II porque cuando eran purificadas por cromatografía de intercambio iónico en DEAE Celulosa se separaban en dos picos de diferente fuerza iónica. (Isoenzimas son enzimas que cumplen la misma función en tejidos, presentando alta homología estructural). Estas isoenzimas están en proporción diferente según el tejido.

La subunidad catalítica es la misma en las dos isoenzimas, la que la diferencia es la subunidad reguladora, llamadas R1 y R2. La subunidad R1 tiene una masa molecular de 49 kDa y es muy similar en los diferentes tejidos de mamíferos. En cambio, la R2 muestra diferencias entra las especies y también en algunos tejidos de la misma especie, pero generalmente se presenta como una proteína de masa molecular de 54 kDa. El dímero entre las dos subunidades reguladoras se forma con el dominio amino terminal. Cada subunidad reguladora une dos moles de AMP-cíclico. Existe dos sitios de unión por subunidad reguladora.

En el esquema siguiente se representa en forma gráfica el tetrámero compuesto por las subunidades reguladoras unidad por puente sulfuro y las subunidades catalíticas unidas no covalentemente.

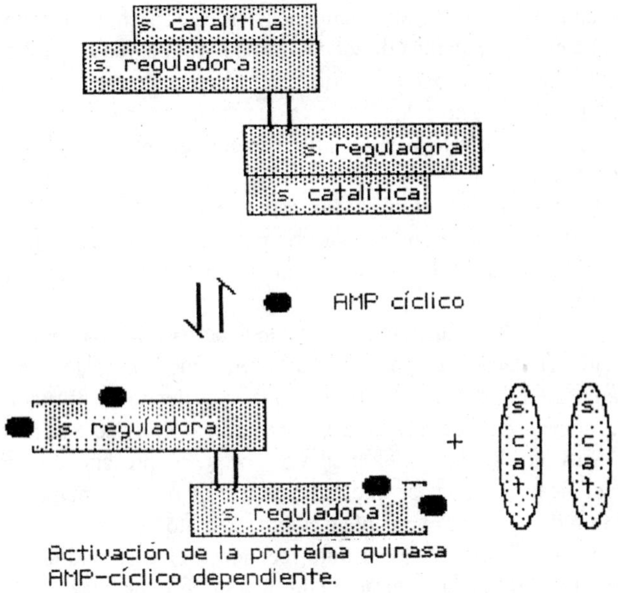

Figura 20. Tetrámero compuesto por las subunidades reguladoras unidad por puente sulfuro y las subunidades catalíticas unidas no covalentemente.

La subunidad catalítica libre cambia su conformación, es por ello que está esquematizada diferente cuando no está interactuando con la subunidad reguladora.

El estudio por difracción de rayos X en cristales de la proteína purificada, muestra que la estructura se asemeja a dos lóbulos y una parte del lóbulo menor sería la responsable de la interacción con el magnesio y el ATP.

En el lóbulo más pequeño se encuentra la secuencia amino terminal que presenta una estructura beta laminar. La estructura del lóbulo mayor es de alfa hélice. En este lóbulo se encuentran los sitios de unión de la proteína y el sitio de catálisis.

La subunidad catalítica tiene una masa molecular de 39-42 kDa y es una molécula conservada y muy semejante en las diferentes proteínas quinasas.

Los sustratos endógenos de estas quinasas son numerosos en las diferentes células, la subunidad catalítica inclusive puede translocarse a la mitocondria o al núcleo de la célula y fosforilar proteínas mitocondriales y nucleares.

Generalmente, la holoenzima se la encuentra ubicada en la fracción soluble de la célula aunque también se la ha descrito asociada a algunas organelas.

En muchos tejidos existe otro componente de este sistema que es un inhibidor de la enzima que interacciona directamente con la subunidad catalítica.

Este inhibidor fue aislado por primera vez en músculo esquelético de conejo. El inhibidor es del tipo no competitivo ya que se une en un sitio diferente al sitio de interacción del sustrato y en un sitio diferente de interacción del activador del AMP-cíclico.

Cuando está presente el inhibidor, este además inhibe la reasociación de la subunidad reguladora con la catalítica. Algunos autores señalan que en algunos tejidos la subunidad catalítica presenta diferencias específicas para algún tejido.

La conversión de un sustrato en producto debe ser inhibida por ciertos agentes que, según el mecanismo por el cual trabajen, tienen diferente denominación.

Se llamará inhibidor competitivo a aquel que tiene una estructura tal que puede reconocer el sitio de la enzima o sitio catalítico en el que la enzima reacciona con el sustrato. Se denomina inhibidor porque en presencia del mismo en concentraciones adecuadas en el estadio de transición se formará el complejo enzima-inhibidor, pero no el complejo enzima sustrato.

Dado que el inhibidor y el sustrato reconocen el mismo sitio activo de la enzima, al aumentar la concentración de sustrato, éste desplazará al inhibidor para formar el complejo de transición enzima sustrato y allí comenzará la transformación a producto, con la diferencia que al estar presente el inhibidor se necesitará mayor concentración de sustrato para alcanzar la Vmax.

El Km o afinidad de la enzima por el sustrato depende de la concentración de sustrato a la cual se alcanza la velocidad máxima, por ello, en el caso de presencia de inhibidores competitivos aumentará el Km, porque su valor, es la concentración necesario para alcanzar la mitad de la velocidad máxima.

A esta inhibición se la denomina competitiva y, por supuesto, para que ello suceda el inhibidor debe interactuar reversiblemente con el sitio activo de la enzima.

Si la interacción del inhibidor con el sitio activo de la enzima es irreversible, la inhibición no será competitiva.

Cuando un inhibidor interactúa con la enzima en un sitio diferente al sitio activo, y cambia la conformación de la enzima de tal manera que el sustrato no pueda reconocer a la misma, será también una inhibición no competitiva.

Ello se debe a que a pesar de aumentar la concentración de sustrato, este no reconoce el sitio en la enzima que es reconocido por el inhibidor.

En este caso se puede mencionar que se anularían moléculas de enzima, por ende, disminuye la velocidad máxima,pero si la concentración de sustrato necesaria para llegar a esta nueva velocidad máxima no varía, tampoco varía el Km.

En estos casos se postula que la interacción del inhibidor en un sitio alejado del catalítico, modificaría la conformación espacial no permitiendo que el sustrato tenga acceso al sitio catalítico.

Proteína quinasa GMP-cíclico dependiente

Esta quinasa fue descrita primariamente en artrópodos para luego describirse en pulmón y cerebro de mamíferos. Ahora se conoce que se encuentra en numerosos tejidos de mamíferos.

El proceso de activación de la célula también sigue el mecanismo de activación de receptores de membrana que estimulan la enzima guanilato ciclasa con formación del segundo mensajero el GMP cíclico que estimulará la enzima.

Al igual que la proteína quinasa AMP-cíclico dependiente, esta quinasa tiene estructura polimérica pero en este caso es un dímero formado por dos subunidades idénticas de masa molecular 70 kDa.

Existe, sin embargo, una diferencia muy grande en el caso de la quinasa GMP cíclico dependiente, las subunidades están unidas covalentemente por puentes disulfuros. Ello significa que para la activación de esta quinasa no es necesario que la subunidad catalítica esté libre.

Aparentemente esta enzima presenta en cada subunidad del dímero un sitio regulador y un sitio catalítico de tal manera que la activación por mol de quinasa se realiza con dos moles de GMP cíclico. Los sitios reguladores estarían enfrentándose a los sitios catalíticos en subunidades diferentes.

En otras palabras, un sitio catalítico en una subunidad estaría regulado por un sitio regulador de la otra subunidad.

El esquema de activación de esta enzima por el GMP cíclico se muestra en la próxima figura.

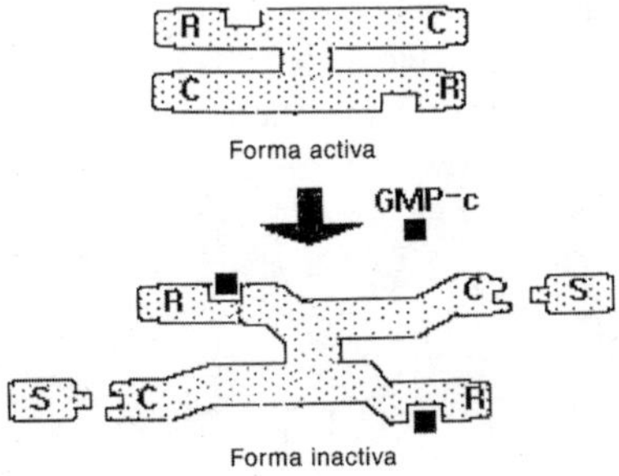

Figura 21. Esquema de activación de esta enzima por el GMP cíclico. R: sitio regulador, C: sitio catalítico, S: sustrato y GMP-c: guanosin monofosfato cíclico.

5.2.2 Proteína quinasa dependiente de calcio y fosfolípidos

Proteína Quinasa C: PKC

Dentro de esta subfamilia dependiente de Ca^{++} y fosfolípidos se han descrito en mamíferos las llamadas proteínas quinasas C o "PKC".

La proteína quinasa C es una enzima que fue identificada en el año 1977 por J. Nishizuka. Inicialmente se pensó que era una enzima activada por proteólisis; sin embargo ahora se sabe que la activación de esa proteína quinasa está dada por Ca^{++} y fosfolípidos, particularmente fosfatidilserina.

El diacilglicerol incrementa la afinidad de la enzima por el Ca^{++}, siendo entonces esta combinación la más efectiva.

Los diacigliceroles que tienen una configuración 1,2-sn con varios ácidos grasos de diferente longitud de cadena y no saturados, son los más activos.

Sin embargo, hay dos esteroisómeros: 2,3+sn-diacilglicerol y el 1,3-diacilglicerol que no activan ni inhiben la enzima, esto sugiere que hay una alta especificidad en la interacción del lípido y la proteína para la activación de la enzima.

Una molécula de diacilglicerol activa una molécula de proteína quinasa "C", esta estequiometría no indica que el diacilglicerol interaccione directamente con la enzima a través de una interacción ligando-ligando; en efecto todavía no es conocido totalmente el mecanismo íntimo de activación.

Esta enzima está distribuida en numerosos tejidos y órganos y en la mayoría de ellos la proteína quinasa "C" se presenta en la fracción soluble en forma inactiva, y aparentemente es traslocada a membranas en un mecanismo calcio dependiente; sin embargo estudios histoquímicos recientes indicarían que la localización intracelular de esta enzima varía de célula a célula, aunque se podría aseverar que está casi ausente en el núcleo. La hidrólisis de fosfolípidos mediada por receptores es la responsable de la activación fisiológica de la proteína quinasa C, tal como se ve en la próxima figura.

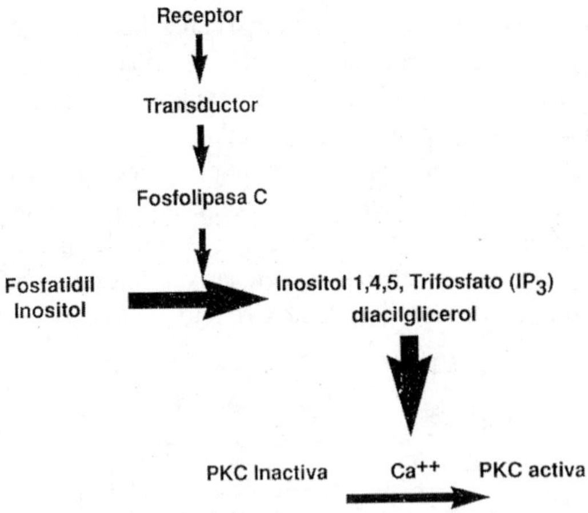

Figura 22. Activación fisiológica de la proteína quinasa C.

El rol de la proteína quinasa C en este tipo de respuestas acopladas a receptores fue demostrado por primera vez para la liberación de serotonina en plaquetas. Este descubrimiento fue hecho por Nishizuka.

Los sustratos para la proteína quinasa C son muy variados y forma parte de las quinasas de serina treonina. Existe una larga lista de proteínas que han sido descritas como posibles sustratos de esta enzima.

Las proteínas quinasas C se encuentran ubicadas principalmente en cerebro pero también se ha descrito su presencia en varios tejidos.

Son una familia de enzimas compuesta de por lo menos ocho isoenzimas. La diferencia entre ellas es su dependencia por calcio, fosfolípidos y diacilglicerol, las propiedades cinéticas y la especificidad por el sustrato.

El mecanismo de regulación de la PKC implica que dentro de la misma secuencia de aminoácidos existe una región llamada la seudo-sustrato muy similar a la secuencia de aminoácidos que se encuentran en las proteínas que sirven de sustrato a esta quinasa, principalmente en las regiones cercanas al aminoácido serina o treonina.

En la región correspondiente al seudo sustrato el aminoácido alanina reemplaza a serina. En ausencia de cofactor esta región o dominio se une al sitio activo y no permite el acceso del sustrato.

La presencia de los activadores calcio, fosfolípidos y diacilglicerol induce un cambio de conformación de la proteína que deja el sitio activo libre para que interaccione el sustrato.

La diferencia con la quinasa AMP-cíclico dependiente es que el sitio regulador y el catalítico se encuentran en una sola subunidad. La mutación del sitio activo que no permite que el sitio seudo sustrato interaccione con el sitio activo provoca una activación permanente de la enzima.

Tampoco se conoce todavía el sitio donde interaccionan el calcio y los fosfolípidos. El gen de estas isoenzimas presenta regiones llamadas variables y regiones constantes. Por sus características se las divide en grupos A y B.

En la figura se esquematizan las secuencias variables y los sitios de regulación y catalítico de las dos familias de PKC, como se ve en la figuras siguientes.

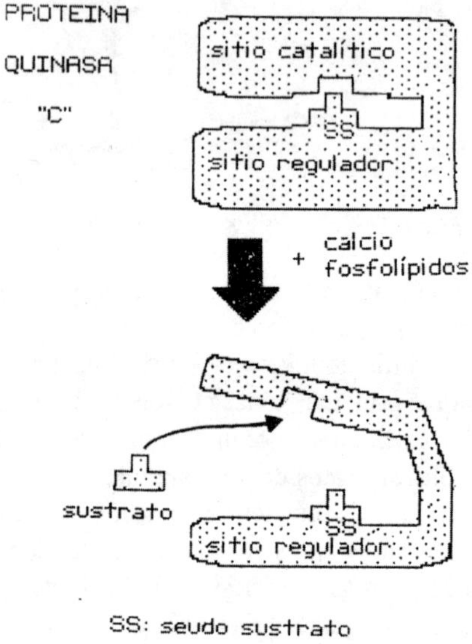

Figura 23. Secuencias variables y sitios de regulación y catalítico de las dos familias de PKC.

Sin embargo, existen otras seis subfamilias, las cuales desarrollan funciones en la mitosis, en el ciclo celular, en la transformación; dentro de ellas tenemos los productos de oncogenes, dentro de los cuales la más conocida es la Raf-Mos-proto-oncogen, y la subfamilia de las caseínas quinasas.

PKC

Grupo A
Alfa, beta, gamma, delta

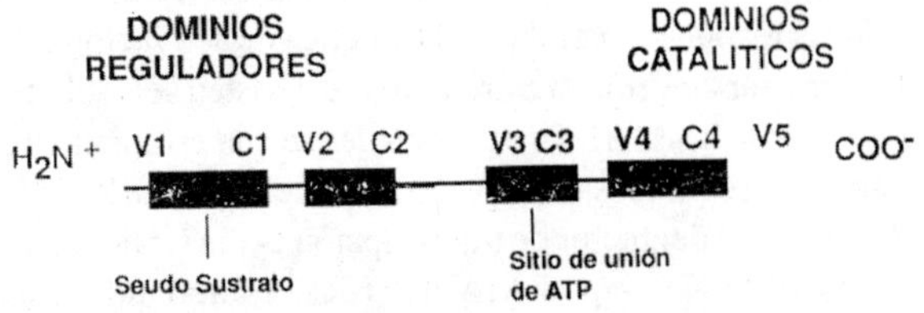

V1 a V5 Secuencias variables
C1 a C4 Secuencias constantes

Figura 24. Familia de PKC.

Proteína quinasa calcio-calmodulina dependiente

Otra subfamilia dentro de las proteínas quinasas calcio, fosfolípidos dependientes, es la dependiente calcio y calmodulina.

En ella se han descrito la tipo II alfa y II beta, cuyas siglas son CAMII alfa y CAMII beta, la fosforilasa quinasa subunidad gama, la miosina quinasa de cadena liviana de músculo liso y la de músculo esquelético.

El mecanismo de activación de la fosforilación de la cadena liviana en la miosina es interesante porque sería opuesto a la quinasa AMP-cíclico dependiente.

En este caso, el calcio intracelular se une al principal aceptor de calcio: la calmodulina. Esta proteína unida al calcio interactúa con la subunidad catalítica y, de este modo, forma la holoenzima capaz de fosforilar la miosina. Estos tres tipos de subfamilias: las nucleótidos cíclicos dependientes, las calcio fosfolípidos dependiente y las calcio-calmodulina dependientes, son los más clásicos dentro de las serina-treonina quinasas.

Existen también proteínas quinasas que también fosforilan en serina y treonina pero que se diferencian de este grupo por poseer también capacidad para fosforilar en tirosina. A estas proteínas quinasas se las denomina quinasas dependientes de factores mitogénicos o MAPKS por su nombre en inglés.

5.3 MAPKs: *mitogen-activated protein kinases*

Las cascadas de las MAPKs son módulos de señalización muy bien definidos que han sido identificados como participantes en una enorme variedad de respuestas celulares, como proliferación, diferenciación celular, apoptosis, etc. Para regular dichas respuestas celulares, la cinética de activación e inactivación de las MAPKs debe ser controlada estrictamente. Existen seis subgrupos mayoritarios en la familia de las MAPKs de los cuales se han estudiado tres de forma extensa: las quinasas reguladas por señales extracelulares (ERK), las quinasas del extremo N- terminal del factor de transcripción c- jun (JNK) o quinasas activadas por estrés (SAPK), y p38 MAPK. ERK es activada por estímulos mitogénicos, mientras p38 MAPK y JNK/SAPK se activan principalmente por estímulos de estrés o citoquinas inflamatorias. ERK5, también conocido como Big MAPK o BMK, y los recientemente identificados ERK7 y ERK8, así como también SAPK4, entre otros, completan el escenario de MAPKs hasta ahora identificadas. En la próxima figura, se esquematiza una las vías de señalización para esta familia de quinasas que es estimulada por los factores de crecimiento.

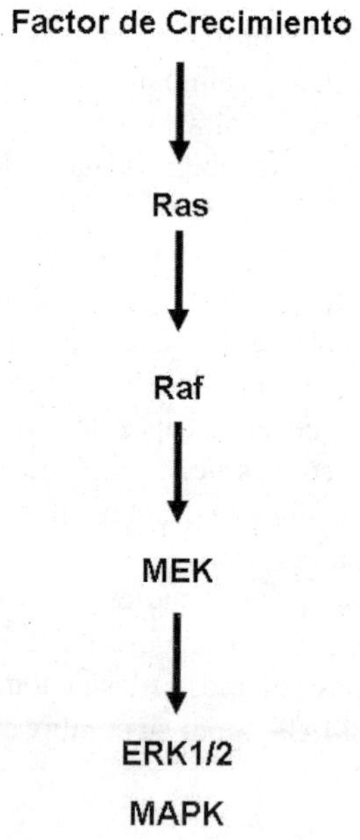

Figura 25. Vías de señalización para familia de quinasas.

Las tres familias clásicas mencionadas de MAPKs son activadas por fosforilación dual en residuos treonina y tirosina adyacentes separados por un único aminoácido. En las ERKs, el aminoácido intermedio es glutamato (Thr- Glu- Tyr), para la familia de p38 es glicina (Thr- Gly- Tyr), mientras que para JNK es prolina (Thr- Pro- Tyr). Son fosforiladas por sus MAPK quinasas específicas (MAPKKs) y, a su vez, fosforilan diferentes sustratos, como MAPK-*activated protein kinases* (MAP-KAPKs) y factores de transcripción y son inactivadas por fosfatasas específicas.

A su vez, las MAP quinasas son activadas por fosforilación por las MAPK quinasas (MAPKK). Clásicamente estas MAPKKs comprenden las señales iniciales y presentan numerosas regulaciones, que usualmente involucran la interacción con pequeñas GTPasas de las familias Ras o Rho. Las MAPKKs son altamente específicas por sus MAPKs respectivas y fosforilan solamente un grupo de MAPKs. En contraposición, las MAPKs presentan una gran variedad de sustratos y son los efectores finales de la cascada de quinasas. Los pasos de fosforilación entre las quinasas se facilitan por interacciones físicas entre los componentes a través de la interacción con proteínas andamio, que organizan los caminos de señalización uniendo en simultáneo varios de los componentes. Este hecho no sólo es importante para amplificar la señal inicial, sino también provee interfases para la regulación de la actividad.

En el caso particular del módulo que involucra a la ERK1/2, la MAPKKK correspondiente se denomina Raf y la MAPKK, MEK1/2.

Las Rafs quinasas

La familia de las Raf quinasas comprende tres isoformas: Raf-1, el homólogo celular del oncogen v-raf que se expresa ubicuamente, así como A-raf y B-raf, que muestran un patrón de expresión más restringido. Raf-1 se activa en respuesta a una gran variedad de factores de crecimiento y ésteres de forbol. Un paso crucial en la activación de Raf-1 es la unión a la proteína Ras activa, unida a GTP, que recluta Raf-1 del citosol a la membrana plasmática donde ocurre la activación. Cuál es el mecanismo exacto de esta activación no se comprende completamente hasta el momento, se piensa que involucra cambios en la fosforilación, rearreglo de asociaciones entre proteínas y unión a lípidos. Aunque tanto A-raf como B-raf pueden unirse a Ras/GTP y responden a la activación de Ras, existen importantes diferencias en los mecanismos de activación. Raf-1 y A-raf requieren señales secundarias para una activación completa, además de Ras, mientras que B-raf se activa completamente solo con Ras.

Todas las isoformas de Raf pueden activar a MEK, sin embargo, los distintos fenotipos obtenidos para ratones *knockout* de Raf-1 (son ratones que genéticamente no tiene el gen de Raf-1), A-raf y B-raf sugieren que la función de las quinasas de la familia Raf no es redundante.

Quinasas de tirosinas

Dentro de esta familia de las tirosinas quinasas se han descrito tres subfamilias, a saber: a) la del receptor de insulina, b) la del receptor del factor de crecimiento epidérmico y c) la del factor de crecimiento derivado de plaquetas.

Esta quinasas se describirá más adelante cuando se discuta el tópico de crecimiento y de acción de insulina, tomando como ejemplo los receptores de insulina y de los factores de crecimiento.

Quinasas de proteínas independientes de segundos mensajeros

A estas enzimas se las denomina independientes de segundos mensajeros porque su activación no depende de la interacción directa de un segundo mensajero con la enzima. En otras palabras los segundos mensajeros no son reguladores directos de la enzima. Sin embargo, estas enzimas pueden ser activadas por otras quinasas por mecanismo de fosforilación y estas últimas enzimas sí usan a segundos mensajeros para activarse.

El ejemplo más típico es la fosforilasa quinasa, esta enzima pertenece al grupo de enzimas que controla el metabolismo del glucógeno. Cumple un papel fundamental conectando o acoplando la acción hormonal y el impulso nervioso.

La fosforilasa quinasa depende de calcio y magnesio como cofactores, es una proteína ácida de una masa molecular de 308 kDa, compuesta por tres subunidades de 118, 108 y 41 kDa para la subunidad A, B y C respectivamente. Esta enzima se encuentra agregada formando oligomeros que contienen cuatro subunidades A, 4B y 8C.

Esta enzima es sustrato de la proteína quinasa AMP-cíclico dependiente. La fosforilación se produce en la subunidad B y esta fosforilación incrementa la actividad enzimática de esta enzima.

La subunidad A también se fosforila pero en este caso no se modifica la actividad enzimática. La fosforilación en la subunidad A está asociado a la defosforilación de la enzima, es decir que con la subunidad A fosforilada se convertiría en sustrato de las proteínas fosfatasas.

La fosforilasa quinasa media la activación de otra enzima: la fosforilasa b, catalizando la fosforilación de una serina específica en una región extremadamente básica de la proteína. Ello se realiza en las dos subunidades de la fosforilasa b.

La fosforilasa b activa (fosforilada) interviene en la degradación del glucógeno.

La fosforilasa quinasa también usa como sustrato a la troponina, una proteína de tres subunidades presente en las miofibrillas.

Proteínas fosfatasas

Existen numerosas evidencias que indican la existencia de otro grupo de enzimas que produce la defosforilación de proteínas fosforiladas por proteínas quinasas.

Las enzimas capaces de defosforilar proteínas se denominan fosfatasas de proteínas o también proteínas fosfatasas.

En realidad estas enzimas actúan sobre los fosfomonoésteres como el p-nitro-fenil-fosfato, pero se las conoce por ese nombre por haber sido descubiertas como enzimas que defosforilan proteínas. Estas enzimas también son llamadas fosfohidrolasas. Existen proteínas fosfatasas que sólo usan como sustrato proteínas.

La ubicación de estas enzimas en la célula puede ser citoplasmática generalmente, pero también se las ha hallado en otras organelas.

Existen dos grupos de fosfatasas: aquellas que defosforilan proteínas fosforiladas en serina-treonina y las que defosforilan proteínas fosforiladas en tirosina.

Proteínas fosfatasas de serina y treonina

Se conocen varias fosfatasas de proteínas entre ellas la fosfatasa de proteínas 1 (PP1), que es regulada por dos proteínas llamadas inhibidor 1 e inhibidor 2. Estos inhibidores son regulados por fosforilación; ello indica que la fosforilación de proteínas puede regular su defosforilación por activación o inhibición de sus reguladores.

Con esto se demuestra que los mecanismos de fosfo-defosforilación de proteínas son circuitos muy sensibles y auto-regulables que dan lugar a la activación y desactivación de las respuestas celulares.

Otra fosfatasa de proteínas descrita es la tipo 2A, regulada por poliaminas. Esta enzima juega un papel muy importante en los procesos metabólicos tal como la glicogenolisis hepática.

Otro grupo de fosfatasas de proteínas es la tipo 2B, también llamada calcineurina, y es regulada por Ca^{++} y calmodulina. Está compuesta por dos subunidades: una subunidad catalítica (alfa) de 60 kDa y una subunidad (beta) de 15 kDa que es la que une Ca^{++}. Esta fosfatasa de proteína participa en la transmisión sináptica.

El grupo de fosfatasas de proteína 2C es el formado por fosfatasas selectivamente activadas por el Ion Mg^{++}, esta enzima se cree que participa en la defosforilación de enzimas involucradas en el metabolismo del colesterol.

El valor del Km o la afinidad de una enzima por el sustrato tienen un valor fisiológico muy importante. Este valor está dado porque de acuerdo con este Km la enzima reconocerá a una cierta población de moléculas de sustrato. De este modo, cuando exista un sustrato reconocido por dos enzimas, aquella que actuará primero es la enzima que necesite menos cantidad de sustrato para reaccionar. De la misma forma, si pensamos en los mecanismos de fosforilación y defosforilación donde en este caso las enzimas son diferentes y los sustratos pueden ser iguales, el valor del Km también tiene mucha importancia.

Por ejemplo, una enzima que fosforila al sustrato A, si tiene un Km similar a la fosfatasa que defosforila el sustrato A-fosforilado, este último tendrá un período de acción muy reducido porque apenas se forme lo defosforilará la fosfatasa. Si el Km para la quinasa es mucho menor, se tendrá una cantidad de A-fosforilado hasta que este alcance la concentración mínima para que sea reconocido por la fosfatasa.

Proteínas fosfatas de tirosina

Estas enzimas están integradas dentro de una gran familia que existe como proteínas integrales de membrana y son llamadas "formas no receptoras" o *non receptor forms*.

Este nombre se debe al hecho de que estas proteínas son muy semejantes a los receptores de membrana, sin embargo, dado que todavía no fue posible encontrar un ligando endógeno que interactúe con este tipo de proteínas se las denominó *non receptor forms*.

Existe una proteína que se encuentra en membranas de leucocitos denominada antígeno CD45 la cual presenta actividad intrínseca de tirosina fosfatasa en la región intracelular; sus regiones extracelulares son altamente variables. Esta glicoproteína transmembrana es muy abundante en membrana y comprende el 10% de las proteínas de la membrana celular y se encuentra solamente en células hematopoyéticas.

En células T o linfocitos T del sistema inmunológico, cuando esta proteína no está presente, la estimulación de los receptores de linfocitos T no puede producir el incremento en el *turnover* del fosfatidil inositol.

La actividad de tirosina fosfatasa se observó por primera vez en membranas de fibroblastos en cultivo y de células transformadas. Se conoce que existen múltiples formas de estas enzimas, encontrándose que una de estas enzimas llamadas PTP1B, en las que PTP proviene de *protein tyrosine phosphatae*, fue aislada de placenta en forma monométrica activa siendo la subunidad catalítica de 37 kDa. Actualmente se conoce que pertenecen a las llamadas "familias de genes" y la secuencia de la proteína ha demostrado que comprende una simple cadena polipeptídica acetilada en el amino terminal con un total de 321 aminoácidos.

Estas fosfatasas son familias totalmente separadas y no relacionadas estructuralmente con las fosfatasas de serina-treonina, indicando que las fosfatasas han tenido ancestros totalmente deferentes y que es opuesto a los que se observado para las proteínas quinasas en las cuales se conoce que han derivado de un progenitor común.

Existe un segmento de 320 aminoácidos que está conservado en las formas no receptoras y en las formas transmembrana denominadas formas receptoras. En este segmento se han identificado un cisteína que es requerida para la actividad, en este segmento reside la actividad catalítica de estas enzimas. Esta cisteína está localizada en un segmento altamente conservado de once aminoácidos.

ISOLEUCINA O VALINA-HISTIDINA-CISTEÍNA-X-ALANINA GLICINA-X-X-ARGUININA- (SERINA O TREONINA)- GLICINA

Los últimos 19 residuos del carboxilo terminal son hidrofóbicos y se creen que son los responsables de la localización de la enzima en la membrana.

Hasta el momento se han descrito 17 isoformas de las fosfatasas transmembrana o "formas receptoras" y seis de la "forma no receptora".

Es dificultoso todavía conocer cuales son los sustratos de estas fosfatasas dentro de la célula, aunque se cree que su función está en la regulación del ciclo celular. También se ha postulado que estas enzimas podrían actuar en proteínas del citoesqueleto y en proteínas asociadas a los receptores para las integrinas.

En los últimos años ha existido un gran avance en el entendimiento de los mecanismos moleculares por los cuales los receptores a tirosina quinasa ejercen su función de transductores de señales biológicas.

Estos avances están dados principalmente por la identificación de proteínas citosólicas, las cuales se asocian con los receptores a tirosina quinasa, y por este mecanismo pueden activarse y generar la señal indicada.

Estas proteínas incluyen a la fosfolipasa C, a una proteína codificada por el oncogen "ras", llamada "ras-GTPasa", a la fosfatidil inositol 3-quinasa y algunas fosfatasas. Estas proteínas contienen dominios denominados SH2 de aproximadamente 100 aminoácidos, que interactúan específicamente con dominios ubicados en los receptores para tirosina quinasa. Para que exista esta interacción la tirosina quinasa debe estar activa. La secuencia aminoacídica que participa en estas interacciones específica rodea al aminoácido tirosina y está compuesta solamente por cuatro aminoácidos, los cuales brindan la especificidad para reconocer a los dominios SH2 en las proteínas citosólicas.

Con estos datos se ha elaborado el modelo molecular para la activación de los receptores a tirona quinasa y se ha postulado que luego de la interacción de la hormona o los factores de crecimiento se produciría la dimerización del receptor, dando lugar a la autofosforilación en los residuos de tirosina. Esta fosforilación provoca el reclutamiento de proteínas efectoras y el receptor, que es una quinasa, produce fosforilaciones mediadas por el receptor o cambios conformacionales mediada por la interacción con los dominios SH2, dando lugar a la activación de las proteínas mencionadas. Generalmente, estas proteínas efectoras son enzimas con capacidad de generar productos también denominados segundos mensajeros, como se observó para los receptores acoplados a proteína G. De esta forma la interacción directa del receptor a tirosina quinasa autofosforilado con las proteínas efectoras reemplaza la acción mediada por la proteína G en los receptores 7TMS.

En el caso de la insulina se ha descrito y clonado el gen de una proteína denominada *Insulin-receptor-substate-1* ("sustrato de receptor de insulina") esta proteína es fosforilada en tirosina en múltiples sitios y aparentemente serviría de intermediaria para unir a proteínas con dominios SH2. Esta proteína ha sido descrita sólo para el receptor de insulina y no todavía para el resto de los receptores pertenecientes a la familia de receptores de tirosina quinasa.

Es así que la célula para lograr su activación por medio de hormonas, neurotransmisores, péptidos o drogas, presentan en la membrana plasmática proteínas receptoras que tratan de transmitir el mensaje al interior de la célula. Todos los receptores finalmente deben activar enzimas generadoras de segundos mensajeros, para luego producir la cascada de fosfo-defosforilación que dan lugar a la regulación de la actividad celular. Una familia de receptores realiza este mecanismo por interacción con proteínas G 7TMS, la otra familia (receptores a tirosina quinasa) lo realiza usando la capacidad de autofosforilarse para reconocer los grupos específicos en las proteínas efectoras, ellos son los denominados SH2.

6. Mecanismo de acción de hormonas esteroideas y tiroideas

6.1 Receptores nucleares

Los receptores nucleares que incluyen los receptores para las hormonas glucocorticoides, mineralocorticoides, andrógenos, estrógenos, progesterona, hormonas tiroideas y vitamina D, son diferentes a los receptores para hormonas proteicas. Si bien también son proteínas, las mismas son solubles y se pueden encontrar en el citoplasma o en el núcleo según para qué hormona sea este receptor. De todos modos, todos estos receptores finalmente tienen acción nuclear y actúan como activadores o represores de la trascripción, teniendo en su molécula una región o dominio que interacciona con el ADN.

Los receptores nucleares se pueden agrupar en dos grandes subgrupos basados en su homología estructural. El primer subgrupo incluye a los receptores para glucocorticoides, mineralocorticoides, andrógenos y progesterona. En el segundo grupo se encuentran los receptores para hormonas tiroideas, los estrógenos, el ácido retinoico y la vitamina D. El primer subgrupo de receptores en células no estimuladas o sea en condiciones basales están en el citoplasma de la célula en forma de un complejo multimérico que incluye a unas proteínas llamadas *Heat Shock Proteins* o HSP que en castellano se denominan "proteína de golpe de calor". Estas proteínas que pertenecen a las proteínas también llamadas chaperonas tienen la función de mantener al receptor en forma soluble y con una configuración determinada. El receptor de estrógenos se encuentra en el núcleo y también está unido a estas proteínas. En condiciones de estimulación o sea cuando el esteroide llega a la célula y atraviesa la membrana plasmática se une al receptor, las HSP se desunen del receptor y este migra al núcleo para cumplir su función en la regulación de la trascripción.

La estructura de estos receptores es bien conocida gracias a la biología molecular. Estos receptores se aislaron, purificaron, clonaron y por estudios de cristalografía se pudo determinar su estructura. El receptor está compuesto por una región aminoterminal con diferente longitud según el esteroide y con baja homóloga entre los diferentes receptores. Esta región también denominada AF1 se cree que participa en la transactivación de la trascripción. La región aminoterminal es seguida por una región de aminoácidos básicos que tiene una alta homología entre los diferentes receptores. Esta región incluye motivos denominados dedos de Zinc que se caracterizan por tener la capacidad de interaccionar con el ADN. Esta región también tiene la propiedad de reaccionar con otras moléculas del mismo receptor y formar dímeros que facilitan la interacción con el ADN. Por último en la región carboxilo terminal está la región que interacciona con el ligando o sea en este caso con los esteroides. Esta región también participa en la transactivacion y se la denomina AF2.

En el caso del subgrupo perteneciente a los receptores para hormonas tiroideas, estrógenos y vitamina D con la excepción del receptor de estrógenos estos receptores no interaccionan con la HSP. La interacción del ligando con este tipo de receptores produce un cambio conformacional en el receptor que permite que proteínas que regulan negativamente la trascripción tal como la histona deacetilasa, se desprendan del receptor. Es conocido que la deacetilación de las histonas no permite que la cromatina se descompacte e impide la interacción con los receptores.

Dada la gran variedad de tejidos en los cuales se encuentran, los receptores de estrógenos existen dos formas de receptor que se denominan alfa y beta. Estos receptores tienen diferente afinidad por los estrógenos y dependiendo del tejido prevalece uno u otro. Por ejemplo, el alfa se ha encontrado en el hígado y el beta en la próstata. También pueden existir las diferentes formas de acuerdo con el estado fisiológico o patológico del tejido. En un ovario normal predomina la forma beta, sin embargo, en el cáncer de ovario prevalece la forma alfa.

Los estrógenos estimulan la proliferación de las células en el cáncer de mama. Por esta situación, la medición de los receptores a estrógenos en el cáncer de mama es una medida muy útil ya que de presentar receptores de estrógenos en este tipo de cáncer se puede realizar una terapia hormonal.

7. Principales ejes de la función endocrina

7.1 Eje hipotálamo hipofisario

Dentro de los mecanismos de regulación de la función endocrina, el eje hipotálamo hipofisario representa uno de los ejemplos más ilustrativos de este tipo de mecanismos que se denomina regulación negativa o *retroalimentación negativa.*

Este eje de acuerdo con las glándulas que regule se denomina eje hipotálamo-hipofiso-gonadal, hipotálamo-hipofiso-adrenal y eje hipotálamo-hipofiso-tiroideo.

El hipotálamo se encuentra en la base del cerebro y contiene un número de núcleos o neuronas importantes en la regulación de la secreción de las hormonas hipofisarias. Algunas de estas neuronas producen hormonas que son transportadas hacia la pituitaria.

La glándula pituitaria es distinguida como dos grandes subglándulas denominadas anterior y posterior, también conocidas como adenohipófisis y neurohipófisis.

La regulación negativa de la secreción hormonal se produce debido a que cada una de las hormonas sintetizadas y segregadas por la hipófisis que tiene su acción en los tejidos blancos que activan la síntesis de hormonas en dichos tejidos pueden viajar hasta la hipófisis y regular la síntesis de las hormonas hipofisarias. Por ejemplo, en el caso del eje hipotálamo-hipofiso-gonadal, el hipotálamo sintetiza y segrega el factor liberador de gonadotropinas, esta hormona en la hipófisis activa la síntesis y secreción de las gonadotropinas. Estas hormonas en las gónadas activan la síntesis y secreción de los esteroides y estos esteroides pueden viajar al hipotálamo y a la hipófisis para regular la síntesis del Factor liberador de gonadotropinas en el hipotálamo y la síntesis de gonadotropinas en la hipófisis.

En algunos casos como en la síntesis y secreción de gonadotrofinas se puede presentar también el "positivo" o la "retroalimentación positiva" de la síntesis de gonadotropinas específicamente la hormona luteinizante por los estrógenos.

El entendimiento de estos procesos de regulación es importantísimo en la clínica endócrinológica porque forma la base de los test diagnósticos.

En la Figura 26 se muestra un esquema del eje hipotálamo-hipofisario.

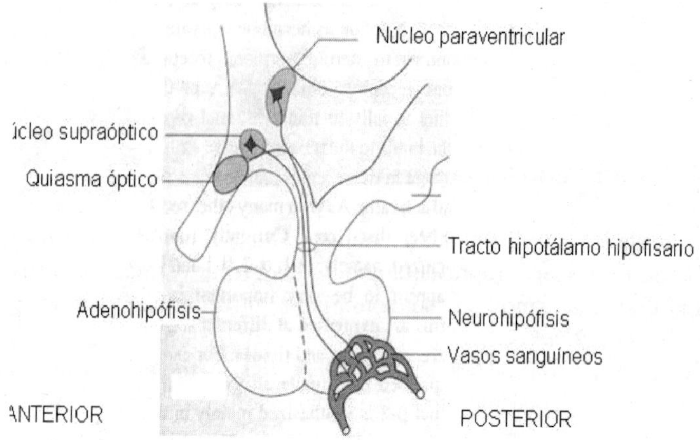

Figura 26. Esquema del eje hipotálamo-hipofisario.

7.2 Eje hipotálamo-hipofiso-gonadal

La función principal de este eje es regular la función reproductiva. Comienza en el hipotálamo con la síntesis de una hormona denominada Factor liberador de gonadotropinas o GnRH por su nombre en inglés *Gonadotropin Releasing Factor*.

Esta es una molécula peptídica compuesta de diez aminoácidos y se sintetiza a partir de un precursor denominado preproGnRH. Este precursor está formado por un péptido señal de 23 aminoácidos, seguidos del péptido activo de diez aminoácidos y un péptido carboxilo terminal de 56 aminoácidos. Este último péptido denominado GAP tiene la función de inhibir la síntesis de prolactina. Los reguladores de la síntesis y liberación de GnRH son neurotransmisores siendo la dopamina uno de los principales. Este neurotransmisor actúa a través de la formación del segundo mensajero el AMP-cíclico.

La síntesis y liberación del GnRH. se produce por la activación del gen de GnRH y la preprohormona se cliva finalmente en el retículo endoplásmico para almacenarse en gránulos en las vesículas secretoras. Ante un estímulo se libera GnRH el cual actúa a través de un receptor de membrana de la familia de los 7 TMS localizado en la membrana plasmática de las células gonadotropas. Este receptor es activado por el péptido GnRH que presenta tres dominios o regiones. La primera región activa el receptor, la segunda está relacionada con la afinidad del péptido por el receptor y la tercera regula la actividad biológica. La consecuencia de esta interacción es la regulación de la síntesis y liberación de las gonadotropinas en la hipófisis anterior. Las gonadotropinas FSH y LH se liberan en forma pulsátil y esta es la base para tener una función reproductiva normal.

La FSH y la LH también están constituidas por aminoácidos, pero en este caso son proteínas constituidas por dos subunidades denominadas alfa y beta. Las subunidades alfa son homólogas y la especificidad en su acción de estas hormonas está dada por la subunidad beta. Estas subunidades no están unidas covalentemente y se sintetizan por la activación de dos genes diferentes.

La principal función de estas hormonas es la maduración y crecimiento del folículo para producir la ovulación en la mujer y la espermatogénesis en el hombre.

En el ovario, el folículo se desarrolla por la influencia de la hormona luteinizante que estimula la producción de estrógenos y la hormona foliculoestimulante promueve el crecimiento del folículo e induce también los receptores para la hormona luteinizante. La producción del óvulo depende de una orquestación de numerosos eventos hormono-dependientes, pero tanto FSH como LH tiene la mayor participación en este evento.

La acción de estrógenos, además de participar en la ovulación se evidencia también en numerosos tejidos blancos que actúan cronológicamente. Durante la vida fetal los estrógenos se necesitan para la diferenciación sexual del cerebro. En la pubertad los estrógenos estimulan el desarrollo del tejido mamario, el endometrio el miometro y la vagina. Los estrógenos causan también el cierre de la epífisis y depósito de grasa en tejidos periféricos. En el adulto mantiene el ciclo menstrual y las características secundarias sexuales femeninas. Los estrógenos facilitan la acción de la progesterona estimulando la síntesis de los receptores para está hormona en el cerebro y en el útero. Durante el embarazo, los estrógenos incrementan el flujo sanguíneo en el útero, causa la hipertrofia del miometro en el útero y el desarrollo ductal de las mamas. Los estrógenos, además, producen la inhibición de la reabsorción ósea.

Tanto la FSH como la LH tienen sus receptores en la membrana plasmática y pertenecen a la familia de los 7 TMS acoplados a la proteína Gs y a la adenilato ciclasa.

En el hombre la acción principal de la LH es la producción de andrógenos por las células de Leydig del testículo. El principal andrógeno es la testosterona que tiene un papel fundamental en la espermatogénesis y en la maduración del espermatozoide en el epidídimo.

La FSH tiene como blanco a las células de Sertoli ubicadas en el tubo seminífero, junto con la testosterona son los principales estimuladores de la espermatogénesis con la formación de los espermatozoides.

La biosíntesis de testosterona al igual que todos los esteroides tiene un paso de regulación en la mitocondria al inicio de su síntesis y es la transferencia de colesterol de la membrana externa a la interna mitocondrial. Esta transferencia hace que el colesterol pueda se metabolizado a pregnenolona el metabolito universal en la producción de esteroides.

En el testículo también se produce una hormona denominada inhibina que regula la síntesis y secreción de la FSH en la hipófisis por un mecanismo de retroalimentación.

La testosterona, además, de su acción en los tubos seminíferos y en el epidídimo mantiene las características sexuales externas en el hombre y la función prostática y de la vesícula seminal. La testosterona es una hormona anabólica que incrementa el metabolismo basal.

7.3 Eje hipotálamo-hipofiso-tiroideo

La glándula tiroides está situada en la parte anterior del cuello y es la encargada de sintetizar las hormonas tiroideas tiroxina o T4 y la triiodotironina o T3. Estas hormonas son esenciales para el normal desarrollo y crecimiento, así como para una correcta homeostasis que regula la producción de energía. La glándula tiroidea en el humano comienza a desarrollarse a las cuatro semanas después de la concepción, se mueve hacia el cuello cuando comienza a tener la característica formación bilobular que se completa en el tercer trimestre. Cada célula tiroidea tiene tres funciones principales: 1) una función exocrina porque secreta sustancias al coloide que forma parte de la glándula tiroidea junto con los folículos, 2) una función absortiva porque toma sustancias del coloide y 3) una función endocrina porque secreta hormonas al torrente circulatorio.

Este eje se comporta en forma similar al eje descrito anteriormente. En este caso el hipotálamo sintetiza y segrega el factor liberador de la hormona tirotropina y se denomina TRH por su nombre en inglés *Tirotropin Releasing Hormone*. Esta hormona es un tripéptido que se sintetiza en los núcleos paraóptico y supraventricular del hipotálamo y se depositan en la eminencia media. El sistema portal transporta este tripéptido hacia la pituitaria anterior en donde estimula la síntesis y liberación de la hormona tirotropina o TSH por su nombre en inglés *Thyrotropin Stimulated Hormone*. El tripéptido también es capaz de liberar a la hormona Prolactina.

La TSH sintetizada y liberada por la hipófisis luego del estímulo provocado por el TRH actúa en la tiroides para sintetizar T3 y T4. La hormona tiroidea T3 inhibe tanto la síntesis de TRH en el hipotálamo y la síntesis de TSH en la hipófisis actuando directamente en la regulación a nivel de expresión de sus genes.

Tanto el TRH como la TSH tienen su receptor en la membrana plasmática y pertenecen a la familia de los 7 TMS. La TSH pertenece a la familia de las hormonas glicoproteicas hipofisarias que están compuestas por dos subunidades alfa y beta, que comparten la subunidad alfa con la FSH, la LH y la gonadotropina coriónica.

La liberación de TSH también puede ser regulada por otras hormonas como por ejemplo, la dopamina que inhibe su síntesis, lo mismo que los glucocorticoides y la somatostatina.

La función y el crecimiento de la glándula tiroidea puede ser modificada por diferentes mecanismos a saber: 1) por medio de las hormonas T3 y T4 a nivel de hipotálamo y de hipófisis, 2) las enzimas deiodinantes en la hipófisis pueden modificar el efecto de T3 y T4, 3) las células tiroideas pueden regular su iodinacion y 4) por anticuerpos anti el receptor de TSH pueden inhibir o estimular la función.

En las células tiroideas, el yodo es rápidamente oxidado por las enzimas denominadas peroxidasas para reaccionar inmediatamente con los residuos de tirosina de una glicoproteína tiroidea denominada tiroglobulina. Mediante este mecanismo se forman los derivados iodinados de la tiroglobulina que se almacenan en el coloide para finalmente provocar la liberación de las hormonas T3 y T4 liberándolas de la tiroglobulina por acción de la TSH que produce la fusión de las gotas de coloide con los lisosomas.

En circulación, las hormonas T3 y T4 están unidas a proteínas plasmáticas que incluyen a la TGB o *Thyroxin-binding-protein.*La acción de las hormonas tiroideas se ejerce a través de receptores nucleares e incluye: estimulación de la absorción de glucosa por el intestino, estimula la glicógenolisis hepática, estimula la ruptura de la insulina y potencia la acción glucogenolítica de la adrenalina.

Las hormonas tiroideas son fuertemente lipolíticas por su acción directa o indirecta potenciando la acción de los glucocorticoides, glucagon, hormona de crecimiento y de la adrenalina.

El mal funcionamiento de la glándula tiroidea puede dar lugar a un hipertiroidismo o a un hipotiroidismo. En el hipertiroidismo hay una secreción excesiva de las hormonas tiroideas y en el hipotiroidismo una disminución.

El hipertiroidismo se caracteriza por tener algunas de las siguientes características: pérdida de peso con apetito normal o aumentado, diarrea, palpitaciones, irritabilidad emocional, debilitamiento muscular, fatiga y intolerancia al calor.

7.4 Eje-hipotálamo-hipofiso-adrenal

Este eje al igual que los anteriores tiene la participación del hipotálamo con la síntesis y secreción del Factor liberador de adrenocorticotropina o CRF *Corticotropin Releasing Factor* y la hipófisis con la síntesis y liberación de adrenocorticotropina o ACTH *Adrenocorticotropin.*

El CRF estimula la síntesis y liberación de ACTH por la hipófisis y la ACTH produce la regulación de la función de la glándula adrenal.

Tanto el CRF como la ACTH son hormonas peptídicas y tienen su receptor en la membrana plasmática que pertenece a la familia de los 7 TMS.

La ACTH es sintetizada en las células denominadas corticotropas ubicadas en la hipófisis anterior. En estas células actúa el CRF que es un péptido de 41 aminoácidos, está distribuido en todo el hipotálamo pero se concentra en las neuronas parvocelulares del núcleo paraventricular. Estas neuronas proyectan fibras a la eminencia media para volcar a la circulación portal el CRF, que actúa a través de un receptor acoplado a la proteína Gs y produce la estimulación de la adenilato ciclasa con la consecuente producción del segundo mensajero el AMP-cíclico y abre los canales de calcio dependiente de voltaje.

El incremento del calcio libre intracelular produce la liberación de ACTH. El CRF incrementa la expresión en la hipófisis del gen denominado pro-opiomelanocortina que da lugar a la síntesis de la proteína denominada POMC. Este gen tiene la información para sintetizar al ACTH y a la hormona estimulante de los melanocitos.

Este sistema sintetiza una proteína que tiene la secuencia aminoacídica del ACTH de la Beta-lipocortina y de la MSH o *Melanocytes-Stimulating-Hormone*, la metaencefalina y un número considerable de diferentes péptidos.

POMC tiene una secuencia señal de 26 aminoacídos seguidas por las estructuras para la ACTH, Beta-lipocortina y MSH. POMC es primero clivado para dar Beta-lipocortina y ACTH para luego liberarse por un segundo corte ACTH, regula la función de la corteza adrenal.

La glándula adrenal está compuesta por la médula, localizada en el centro de la glándula, y la corteza adrenal. En la médula se sintetizan las catecolaminas y en la corteza los esteroides. La corteza adrenal se divide en tres zonas. La glomerulosa ubicada en la periferia, la fasciculata y la cortical. En la zona glomerulosa, el esteroide más importante es la aldosterona, en la zona fasiculata el cortisol y en la zona reticular los andrógenos adrenales. La ACTH tiene receptores en las tres zonas y puede regular la síntesis de los esteroides mencionados. Sin embargo, en la zona glomerulosa, los principales reguladores de la síntesis de aldosterona son la angiotensina y el potasio. La ACTH es el principal regulador de la síntesis de glucocorticoides.

El mecanismo de acción de ACTH para regular la síntesis de esteroides es semejante al descrito para la hormona luteinizante en las células de Leydig que regula el paso limitante en la síntesis de esteroides, el transporte de colesterol de la membrana externa a la interna mitocondrial. Estas hormonas cabe recordar que también regulan la función trófica, la LH en las células de Leydig y la ACTH en la corteza adrenal. Dentro de estas funciones tróficas la principal es la regulación de la síntesis de las enzimas esteroidogénicas y el crecimiento y diferenciación celular.

El cortisol tiene su función principal en la regulación del metabolismo de los carbohidratos y la respuesta al estrés.

La aldosterona regula el equilibrio salino. Los andrógenos adrenales mantienen las características sexuales secundarias.

7.5 Regulación del crecimiento

El ritmo de crecimiento es un parámetro informativo del desarrollo mental y físico antes y después del crecimiento. El crecimiento y desarrollo normal intrauterino dependen en forma crítica de la dieta y el estado de salud materno. La influencia endocrina en el crecimiento intrauterino está poco estudiada. Un indicador importante del parámetro de crecimiento normal es el estriol no conjugado derivado del estradiol. A pesar de que la función del estriol no es totalmente conocida se sabe que se produce en la placenta utilizando como precursor a esteroides maternos y fetales. Una de las principales hormonas que regulan el crecimiento es la hormona de crecimiento, denominada también GH, derivado de su nombre en inglés *Growth Hormone*. Esta hormona es miembro de una familia de hormonas peptídicas que incluyen a la prolactina y al lactógeno placentario. Es sintetizada en las células somatotropas de la glándula pituitaria anterior como una cadena polipeptídica simple y tiene un gen ancestral de donde derivan también la prolactina y el lactógeno placentario, devenido un solo gen con la evolución. La acción de la hormona de crecimiento se ejerce principalmente en el músculo y en los huesos del esqueleto. Sus acciones pueden ser directas. Las indirectas están ejercidas a través de la síntesis y secreción de un factor de crecimiento denominado factor de crecimiento insulino-símil, conocido como IGF-1, el cual es sintetizado en el hígado por acción de la GH y estimula el crecimiento del hueso. En las células adiposas estimula la lipólisis y en el músculo la síntesis proteica. Dentro de las acciones directas, la GH ha sido denominada diabetogénica, ya que tiene efectos opuestos a la insulina, siendo lipolítica en células adiposas y gluconeogénica en el músculo.

La secreción de GH es regulada primariamente por el hipotálamo, el cual produce el GHRH, que es el factor liberador de hormona de crecimiento. Esta acción es integrada con la acción de una hormona llamada grelina (*ghrelin*), secretada principalmente por células epiteliales en el estómago. El hipotálamo también produce somatostatina que inhibe la liberación de hormona de crecimiento por los somatotropos.

La acción de la hormona de crecimiento se ejerce a través de receptores de membrana, siendo la principal señal de transducción la activación de quinasas de tirosina JAK-2. El crecimiento celular y la proliferación también es regulada por los factores de crecimiento y este crecimiento y proliferación dependen del ciclo celular.

8. Ciclo celular y factores de crecimiento

8.1 Ciclo celular

Cada célula está capacitada para duplicar su material genético, mediante la duplicación del ADN, y luego dividirse para formar las células hijas, que, a su vez, tienen la capacidad de generar la formación de proteínas también a partir del ADN. Estos procesos denominados duplicación del ADN o duplicación del material genético y transcripción o generación del intermediario (ARN) para la síntesis de proteínas se realiza en etapas de un ciclo denominado "ciclo celular".

Se denomina ciclo celular al conjunto de etapas que sigue la célula durante su crecimiento y división.

La mayoría de los componentes de una célula se sintetizan continuamente durante la mayor parte del ciclo celular y a este período se lo denomina *interfase*.

Existe una excepción y es el período en el cual se realiza la síntesis de ADN. Esta síntesis se realiza solamente durante un periodo limitado de la interfase y a ese período de lo denomina Fase S del ciclo celular. Esta denominación "S" proviene de la inicial "síntesis".

Existen otros dos períodos muy diferentes en el ciclo celular que son la división nuclear que incluye la división nuclear o mitosis y la división del citoplasma o citoquinesis. Este período de la división se denomina Fase M del ciclo celular y proviene de la inicial de la "Mitosis". Entre la fase M y la S hay una llamada G1.

Esta fase es el período entre la finalización de la división y la síntesis de ADN. Se denomina G por ser la inicial de GAP, denominación inglesa de este período que quiere decir, "interrupción, ruptura, o suspensión de continuidad". En esta fase es el período donde la célula tiene un alto grado de biosíntesis de sus moléculas. Existe por último una fase entre S y M llamada G2.

En este período el contenido nuclear está duplicado y los cromosomas se han replicado. Cada cromosoma consiste en este período en dos cromátides hermanas.

La interfase mencionada anteriormente y que componen los períodos G1, S y G2 comprende el 90% del tiempo total del ciclo celular.

Por ejemplo en eucariotas la fase M ocurre una vez cada 16 a 24 horas y tiene una duración de 1 hora.

La programación de las células eucariotas a través del ciclo celular está gobernada por una formación, activación y desactivación de un complejo enzimático de proteínas quinasas denominadas *Cyclin-Dependant Kinase* (CDK), llamadas en castellano "ciclinas".

Se conoce el mecanismo de expresión y activación de este complejo CDK durante la transición en el ciclo celular. Las entradas a las diferentes fases o etapas del ciclo celular están reguladas por la activación y también por la regulación negativa del complejo CDK. Esta regulación tiene principalmente un fin, que no se prosiga en el ciclo sin haber sido completada la fase correspondiente produciéndose todos los eventos moleculares necesarios. A estos puntos de regulación se los denomina *check points*. Dentro de estos puntos, uno de los más estudiados y documentados es aquel que monitorea la terminación de la síntesis de ADN y la formación del huso funcional actuando en la transición de G2 a M y en la salida de la mitosis. Por ejemplo, en algunos sistemas cuando el ADN no está replicado se inhibe la activación del complejo CDK por inhibición de la defosforilación de una proteína quinasa la ciclina b-CDK2. Esta quinasa cuando está fosforilada en una tirosina en la posición 15 activa el complejo y regula la transición de la fase G2 a M.

Este mecanismo de regulación negativa requiere la activación de varios genes que finalmente dan lugar a la activación de una quinasa denominada Wee 1-MIK-1 la cual es la encargada de mantener fosforilada a la tirosina en la posición 15 de la quinasa antes mencionada.

Existen también *check points* en las etapas tempranas del ciclo celular que controlan la entrada a la fase S.

Todos estos eventos están regulados por la acción de factores de origen proteico que actúan a través de sus receptores de membrana.

Los factores que intervienen son diversos entre los que se encuentran los Factores de Crecimiento, que son proteínas que en su mecanismo de acción se asemejan muchísimo al mecanismo que utilizan las hormonas proteicas.

Un número elevado de Factores de Crecimiento entre los cuales se encuentra el Factor de Crecimiento Epidérmico (EGF), el de Crecimiento Fibroblástico (FGF), el de Crecimiento Nervioso (NGF), el derivado de plaquetas (PDGF), el de Crecimiento de Macrófagos (CSF) y los Factores de Crecimiento Insulino-similes, estimulan la mitosis celular por interacción con receptores de membrana.

La mayoría de los factores de crecimiento cumplen su función modificando la actividad de enzimas por reacciones de fosfo-defosforilación. Para ello el comienzo de la cascada de fosforilaciónes se realiza por la interacción de los factores de crecimiento con su receptor ubicado en la membrana plasmática. Estos son generalmente glicoproteínas con actividad enzimática intrínseca de proteína quinasa.

Al igual que el receptor de insulina esta actividad es de tirosina quinasa. O sea que la primera fosforilación en el mecanismo de acción de los factores de crecimiento es la fosforilación en tirosina de enzimas. Esta fosforilación iniciará la cascada de eventos que dan lugar a la regulación del complejo enzimático de las ciclinas.

Estudios de mutación de receptores de factores de crecimiento señalan que mutaciones, que inhiben la fosforilación en tirosina, inhiben la gran mayoría de los efectos producidos por los factores de crecimiento.

Los receptores presentan en su constitución proteica un dominio extracelular que reconoce a los factores de crecimiento que está ligado por un dominio orientado al citoplasma a otro dominio que posee el sitio catalítico de la actividad de tirosina quinasa. En esta familia de receptores se pueden distinguir tres tipos. El receptor de tipo I tiene como representante al del Factor de Crecimiento Epidérmico (EGF). En el tipo II están representados los Factores de Crecimiento Insulino-similes IGF-1 e IGF-2 y en los del grupo III pertenecen a la familia que presenta como tipo al Factor de Crecimiento derivado de Plaquetas (PDGF) y a los oncogenes c-fos que codificarían proteínas relacionadas a este receptor. Tambien dentro de los receptores para factores de crecimiento se encuentra la eritropoyetina y las citoquinas.

Estos receptores son componentes clave para el control del crecimiento y la diferenciación celular por su habilidad de generar señales mitógenas. A su vez estas señales proporcionan y están encuadradas como llaves para el entendimiento de los procesos de transformación celular. Por ejemplo, un incremento en la expresión de una subclase de receptores para factores de crecimiento con actividad de tirosina quinasa, debido a una amplificación en la expresión de su gen, da como resultado el crecimiento de células malignas aun en humanos. Este fenómeno se observa en glioblastomas y carcinomas mamarios.

El mecanismo exacto por el cual los factores de crecimiento pueden regular el crecimiento y diferenciación celular es motivo de numerosas investigaciones y aunque existen algunas hipótesis de trabajo todavía no se conocen los eventos esenciales para dicha regulación. Dentro de estas hipótesis existe la regulación de la fosforilación de una proteína ribosomal denominada S6 como uno de los probables gatillos para que se produzca la iniciación de la síntesis de ADN.

La ausencia de estos factores de crecimiento hace que las células se detengan en la fase temprano de G1 llamada también Go. El factor inhibidor del crecimiento denominado TGF beta o *Growth inhibitor transforming factor* inhibe la entrada de las células a la fase G1. Este factor trabajando también a través de la activación de receptores de membrana genera las señales necesarias para inhibir la activación del complejo ciclina o *Cyclin-Complex*. Este mecanismo se produce por inhibición de la expresión de una de las enzimas del complejo denominada cdk4.

Existe otra proteína denominada Cip1 que inhibe el complejo *cyclin-cdk*. Esta proteína tiene una masa molecular de 21 kDa y es inducida por otra proteína denominada p53 a cuyo gen se lo denomina gen "supresor". Estas dos proteínas juegan un papel muy importante en la transformación celular cuando está alterada su expresión.

Es así que la regulación de este complejo enzimático *Cyclin- Complex* a través de la expresión de proteínas inducidas por la activación de genes es la llave para la regulación de la entrada a las diferentes etapas del ciclo celular. La activación de estos genes está programada por los mensajes generados a través de la interacción de los diferentes factores de crecimiento en la superficie celular.

8.2 Receptores para factores de crecimiento

El proceso de duplicación del material genético o duplicación del ADN como parte de la división celular es un mecanismo que puede ser regulado y controlado en forma muy precisa. Los factores que intervienen son diversos, entre los que se encuentran los "Factores de Crecimiento", que son proteínas que en su mecanismo de acción se asemejan muchísimo al mecanismo que utilizan las hormonas proteicas. En la figura, se muestra un ejemplo de este tipo de receptores. Se indica el animo-terminal, el carboxilo terminal, el sitio de interacción con el ligando, el sitio de interacción con el ATP y el sitio de interacción de la enzima con el sustrato.

Dominios

Extracelular

Transmembrana

Yuxtamembrana

Tirosina quinasa intracelular

Carboxilo terminar

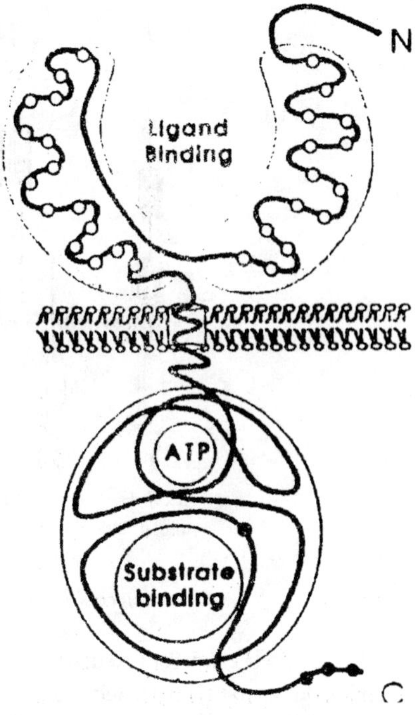

Figura 27. Receptores para factores de crecimiento.

En esta familia de receptores se pueden distinguir tres tipos que se ilustran en la siguiente Figura. En los de tipo I y II las zonas grises representan las regiones ricas en cisteínas. En la clase II estos residuos, que se encuentran conservados, están indicados en círculos abiertos. El receptor de tipo I tiene como representante al del factor de crecimiento epidérmico (EGF) y está también indicado el oncogen que codifica para estructuras relacionadas a este tipo de receptores.

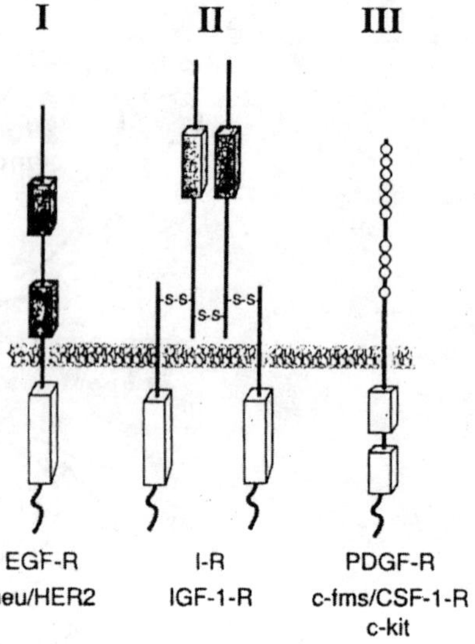

Figura 28. Tres tipos de receptores.

En el tipo II están representados los factores de crecimiento insulino-símiles y en los del grupo III pertenecen a la familia que presenta como tipo al factor de crecimiento derivado de plaquetas (PDGF) y a los oncogenes c-fos que codificarían proteínas relacionadas a este receptor.

Los receptores para estos factores han sido encontrados en *Drosophila* por lo que se cree que su existencia dataría desde hace 800 millones de años.

El receptor en *Drosophila* presenta mucha homología con los receptores de factores de crecimiento en humanos.

Estos receptores son componentes clave para el control del crecimiento y diferenciación celular por su habilidad de generar señales mitogénicas. A su vez, estas señales están encuadradas como llaves para el entendimiento de los procesos de transformación celular.

El páncreas y la síntesis, secreción y acción de insulina

El páncreas se posa en las cercanías adyacentes al duodeno y está compuesto por dos tipos mayoritarios de tejidos, mencionados como los acinos pancreáticos que secretan las sustancias digestivas para el duodeno y los islotes de Langerhans que sintetizan y segregan las hormonas insulina y glucagon que se vuelcan al torrente circulatorio.

El páncreas humano tiene alrededor de uno a dos millones de islotes cada uno organizado alrededor de pequeños capilares de los cuales son secretadas las hormonas. Las células de los islotes pueden ser clasificadas en cuatro tipos: las alfa, beta, y delta también llamadas A, B y D y las F. La células beta que constituyen el 60 % de los islotes están ubicadas en el medio de los islotes y sintetizan y secretan insulina. Las células alfa sintetizan y secretan glucagon y las delta somatostatina. Las células F secretan un polipéptido pancreático que todavía no esta bien definida su función.

En humanos el gen que codifica para la insulina está localizado en el brazo corto del cromosoma 11. La insulina es una proteína constituida por dos cadenas, una de 21 aminoácidos y otra de 30, denominadas A y B respectivamente. Estas dos cadenas están unidas por dos puentes disulfuros. Dentro de la cadena A existe otro puente disulfuro ligando los aminoácidos 6 y 11. La hormona circulante, generalmente, es un monómero de 6 kDa pero forma dímeros y trímeros.

La insulina se sintetiza como una proteína que es denominada preproinsulina ya que esta proteína es proteolisada o clivada en dos oportunidades para dar proinsulina e insulina. La preproinsulina se sintetiza en el retículo endoplásmico rugoso.

La síntesis y secreción de insulina es estimulada por la glucosa que interactúa con las células beta del páncreas para inducir la captación de calcio extracelular. El calcio estaría regulando una función contráctil de las células en la cual los microtúbulos producirían un movimiento en el citoesqueleto y un movimiento de los gránulos de secreción hacia la membrana plasmática. Estos gránulos se fusionan a la membrana iniciando el mecanismo de secreción. La secreción de insulina mediada por glucosa tiene un perfil bifásico en el cual inicialmente dentro del minuto de libera insulina de los gránulos para después unos minutos más tarde se segrega la insulina sintetizada de novo. Muchos otros estímulos producen la liberación de insulina pero no lo realizan en forma bifásica. Entre estos estímulos se encuentran aminoácidos, ácidos grasos y cetonas. La secreción de insulina también esta regulada por neurotransmisores entre ellos podemos mencionar a la epinefrina, a través de los receptores beta adrenérgicos. La estimulación de los receptores alfa adrenérgicos por el contrario inhibe esta secreción. La secreción de insulina también está estimulada por la acetilcolina.

La vida media de la insulina en circulación es de cinco minutos y la depuración de la misma se realiza en el riñón. También esta degradación se puede producir dentro de la célula una vez que la insulina es internalizada a través de su receptor.

Efectos de insulina

Luego de la ingesta la insulina remueve la glucosa de circulación y promueve su conversión en glucógeno y lípidos. La insulina promueve la conversión de ácidos grasos en lípidos y la captación de aminoácidos por el hígado y el músculo los cuales son elaborados a proteínas por lo que a la insulina también se la clasifica como una hormona anabólica. Los tres órganos blancos más importantes de la insulina son: el hígado, el tejido adiposo y el músculo.

En el hígado la insulina estimula un número importante de enzimas involucradas en la síntesis de glicógeno que incluye la glicógeno-sintetasa.

En el tejido adiposo el 90 % de la glucosa es transformada en lípidos es por ello que este tejido es un importante blanco de la insulina.

En el músculo aumenta la captación de aminoácidos en el músculo esquelético para producir proteínas. Este último evento no está controlado por la insulina.

La insulina además de tener efectos sobre el metabolismo, puede actuar como factor de crecimiento siempre a través de su receptor.

La ausencia de insulina da lugar a la patología denominada Diabetes que puede establecerse por una ausencia en la secreción de insulina por mal funcionamiento del páncreas y a esta enfermedad se la denomina Diabetes mellitus del tipo I. Esta enfermedad se da generalmente por una destrucción autoinmune de las células beta del páncreas. En la Diabetes mellitus del Tipo II que generalmente es la más común y abarca el 85 % de la patología diabética, existe una resistencia a la acción de insulina. Este efecto se produce principalmente por deficiencia en el receptor más comúnmente por mutaciones funcionales en el receptor de insulina. Este tipo de diabetes también puede estar acompañada por una pequeña disminución en la secreción de insulina.

El glucagon tiene respecto del metabolismo los efectos opuestos a la insulina promoviendo la degradación del glucógeno. Esta hormona actúa a través de receptores de membrana asociados a proteína Gs con la consiguiente estimulación de la adenilato ciclasa y la producción del segundo mensajero el AMP-cíclico. El mayor órgano blanco del glucagón es el hígado, su efecto es inhibir la síntesis de glucógeno y favorecer su degradación. El mecanismo de degradación del glucógeno ha servido como un ejemplo de la importancia de la fosfo-defosforilacion de proteínas como reguladores enzimáticos.

Receptor de insulina

La importancia de conocer el mecanismo de acción de hormonas, neurotransmisores o drogas no está limitada simplemente a satisfacer necesidades intelectuales de bioquímicos o biólogos celulares curiosos. Conocer el camino molecular de la acción de insulina es un ejemplo importante y un conocimiento fundamental para entender la patogénesis de la diabetes insulino-dependiente (tipo II), diabetes mellitus, y la de otros estadios resistentes a la insulina, incluyendo obesidad, excesos de uremia, glucocorticoides y hormona de crecimiento, así como desórdenes genéticos tales como el tipo "A" del síndrome de resistencia a la insulina, leprechaunismo y la diabetes lipoatrófica.

La acción de la insulina a nivel celular se inicia por la interacción de la misma con un receptor ubicado en la membrana plasmática. Este receptor está presente virtualmente en todos los tejidos mamíferos aunque la concentración varia desde un bajo número, tal como, 40 receptores por célula en los glóbulos rojos hasta más de 200.000 receptores por célula en adipositos y hepatocitos. En el dominio de unión en la molécula de insulina intervienen las dos cadenas que conforman la misma y estas se enfrentan al receptor produciendo, en una visión tridimensional, una cobertura sobre el mismo. A continuación, se dan a conocer los efectos de la insulina a través del tiempo.

En el orden de segundos luego de iniciada la acción hormonal

Unión con el receptor
Cambios conformacionales y agregación de receptores
Activación de la tirosina quinasa.

En el orden de minutos luego de iniciada la acción hormonal

Cambio de flujo de iones
Internalización del receptor
Estimulación del transporte de glucosa
Estimulación del turnover de fosfolípidos

En el orden de horas luego de iniciada la acción hormonal

Activación de enzimas intracelulares
Activación del transporte de aminoácidos
Estimulación de la síntesis proteica

Estimulación de la síntesis de ADN
Estimulación de la síntesis de ARN

Existen más de 200 análogos de insulina estudiados en los que no se encuentra ningún antagonista competitivo de la insulina, lo que significa que todo análogo que se une al receptor desencadena un efecto biológico, dando a entender que la estructura de la insulina requerida para la interacción con su receptor es análoga a la estructura necesaria para desencadenar los efectos biológicos.

El receptor para insulina es una glicoproteína heterotetramétrica compuesta de dos subunidades alfa de peso molecular 135.000 y dos subunidades beta de peso molecular 95.000, unidas por puente disulfuro dando una estructura beta-alfa-alfa-beta. La subunidad alfa es completamente extracelular y contiene el sitio de unión para la insulina. A pesar de que existen dos subunidades alfa por receptor todavía no se conoce si se unen dos moléculas de insulina por molécula de receptor. Las subunidades beta son proteínas transmembrana y son las que están involucradas en la transmisión de la señal intracelular.

Ambas, la subunidad alfa y la beta, del receptor de insulina provienen de una única cadena precursora llamada pro-receptor. Este pro-receptor es al inicio no-glicosilado, luego se glicosila, forma los puentes de disulfuro, se producen los respectivos clivajes y se glicosila aún más para dar lugar al receptor tetramétrico. La vida media del receptor es de alrededor de 8 a 12 horas.

La siguiente figura esquematiza al receptor de insulina con sus correspondientes subunidades.

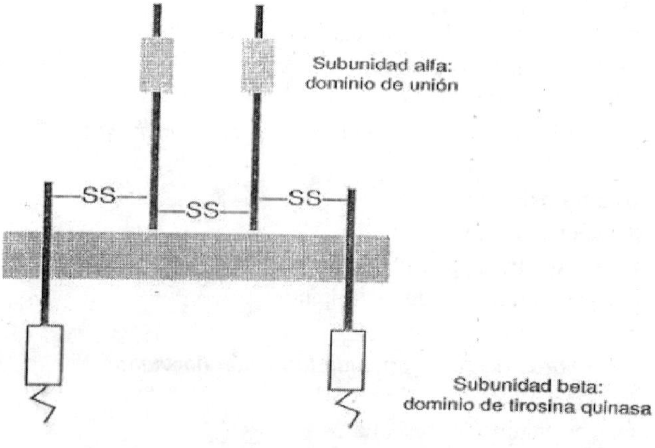

Figura 29. Receptor de insulina con sus correspondientes subunidades.

El gen que codifica para el pro-receptor de insulina está muy conservado en humano y es muy similar al de Drosophila.

El receptor de insulina está compuesto de 1.346 aminoácidos. En el pro-receptor, los dominios de la subunidades alfa y las beta están separados por cuatro residuos básicos que representan el sitio de clivaje que luego formarán las subunidades individuales.

En células humanas, aparentemente hay un único gen por genoma haploide, está ubicado en el brazo corto del cromosoma 19 y tiene como mínimo 150 kb de tamaño con un mínimo de 17 exones. La subunidad beta del receptor de insulina tiene la actividad de tirosina quinasa.

Cuando la insulina se une a la subunidad alfa de su receptor, estimula la tirosina quinasa presente en la subunidad beta; esto da lugar a que se produzca la fosforilación de varios sustratos y la autofosforilación del receptor.

La autofosforilación significa que dentro de la subunidad beta existen residuos de tirosina capaces de ser fosforilados por la tirosina quinasa, actividad presente en la subunidad beta.

La autofosforilación del receptor de insulina ocurre a través de una cascada de fosforilación intramolecular. Esto trae como resultado que por lo menos cinco residuos de tirosina de la porción intracelular de la cadena beta serán fosforilados. Cuando tres de estos cinco residuos, que son los que se encuentran en las posiciones 1.146, 1.150 y 1.151 son fosforilados, la actividad de quinasas es mayor para otros sustratos.

Este mecanismo es muy importante para la transducción de señales dado que, si se mantiene está fosforilación, aunque la insulina se disocie de su receptor el receptor sigue activo fosforilando otras proteínas.

Las otras dos tirosinas que se pueden fosforilar y que están cercanas al carboxilo terminal, no parecen ser importantes para la activación.

El receptor de insulina también puede ser fosforilado en serina y treonina y en contraste con la fosforilación en tirosina, esta fosforilación inactiva la enzima.

Este mecanismo es muy importante ya que por múltiples sitios de fosforilación se produce la regulación de esta actividad enzimática.

La actividad de tirosina quinasa en el receptor de insulina es esencial para que se produzca la acción insulínica. Los estudios más convincentes para esta afirmación provienen de mutaciones experimentales en las cuales se anula la actividad de la tirosina-quinasa, anulando el sitio de interacción con el ATP, el cual se encuentra en la posición 1.018 representado por una lisina.

Cuando el receptor no puede unir ATP no tiene actividad de quinasa y la insulina no puede cumplir con su efecto.

Dentro de estos efectos están los metabólicos y los promotores de crecimiento. Sin embargo, no todas las acciones de insulina en la célula están relacionadas a la cascada de fosforilación y defosforilación.

Por ejemplo, no hay evidencias que involucren una fosforilación o defosforilación para la acción de insulina sobre el transporte de la glucosa.

Por ende, existiría un segundo modelo de acción para algunos efectos, los cuales incluirían la activación de fosfolipasas o la activación de quinasas de fosfatidil –inositol.

Existen glicanos de inositol que son capaces de mimetizar algunos efectos de insulina. Estos sistemas efectores podrían estar indirectamente ligados a alguna proteína-G, no existiría una interacción directa receptor de insulina /proteína-G.

Estos estudios provienen de experimentos en los que la inhibición de la proteína Gi inhibiría algunas acciones de insulina.

No se conoce exactamente cómo la actividad de tirosina quinasa transmite una señal para modificar la actividad celular.

Sin embargo, el modelo más probable es que la insulina produciría activación de la tirosina quinasa, que provocaría la autofosforilación del receptor, esta autofosforilación provocaría un incremento en la afinidad de varias proteínas (sustratos para la quinasa), dentro de estas proteínas se incluyen a quinasa de serina y treonina y también a fosfatasas.

Ello se correlaciona con el hecho de que insulina provoca la defosforilación de importantes enzimas fosforiladas en serina o treonina tales como: glucogenosintetasa, lipasa hormona-sensible, piruvato-deshidrogenasa y la fosforilación en serina y tirosina de la citrato liasa y acetil-CoA-carboxilasa.

Recientemente se ha postulado que el receptor autofosforilado es capaz de unir otras proteínas.

Se han encontrado evidencias de alteraciones genéticas para el receptor de insulina en varios tipos de síndromes resistentes a la insulina. Pacientes con estos síndromes presentan bajo número de receptores o de mutaciones puntuales en dichos genes.

Algunas de estas mutaciones puntuales en dichos genes están producidas en el sitio de clivaje del pro-receptor o en el dominio de quinasas, dando lugar a una actividad reducida de la misma. También se han encontrado alteraciones en la actividad de la quinasa en la diabetes tipo I y II.

Dentro de las mutaciones que se observan en el receptor de insulina también están aquellas que dan lugar a una falla en el transporte del receptor a la membrana, mutaciones que inhiben la endocitosis, el reciclaje o la degradación.

En este contexto se ha descrito una mutación en la posición 735 que reemplaza una serina por arginina.

Esta mutación está descrita en el gen de la insulina en dos pacientes hermanas. Esta posición de la serina corresponde a la unión entre la subunidad alfa y beta en el pro-receptor, siendo este sitio el del clivaje. Estas dos pacientes presentan diabetes tipo A insulino-dependiente.

Para la inhibición del transporte intracelular a través del aparato de Golgi y el retículo endoplasmático se han descripto por lo menos cinco mutaciones en la subunidad alfa del receptor. Estas mutaciones son: aspártico en la posición 15, glicina en la posición 31, histidina en la posición 209, leucina en la posición 233 y fenilalanina en la posición 238.

Estas mutaciones, por lo general, también producen una disminución en la afinidad del receptor por la insulina.

Existe una mutación que incrementa la afinidad del receptor por la insulina, pero sin embargo produce resistencia a la insulina.

Esta mutación es en el glutámico en la posición 460. Esto se debe a que esta mutación produce también un aumento en la degradación del receptor.

Las mutaciones en el dominio de la tirosina quinasa que afectan su actividad y, por ende, la acción de insulina generalmente son mutaciones dominantes.

La autofosforilación del receptor de insulina es indispensable para que se produzca la endocitosis del mismo.

Existe un tipo de pacientes con resistencia a la insulina con *Acanthosis nigricans* e hiperandrogenismo, en los que se presenta una mutación en la isoleusina 1.113 con defecto en la actividad de tirosina quinasa que no permite la autofosforilación.

Existe un síndrome congénito de resistencia a la insulina en la que los pacientes presentan valores de insulina hasta 100 veces mayor a lo normal. Estos pacientes presentan además anormalidades múltiples que incluyen retardo de crecimiento en la etapa uterina. Generalmente, fallecen dentro del primer año de vida. El 80% de estos pacientes presentan mutaciones en el gen de la insulina.

9. Conclusiones finales

Como se puede apreciar luego de la lectura detallada de cada capítulo, la síntesis y secreción de hormonas, así como su mecanismo de acción se pueden estudiar a nivel molecular. ¿Cuál es la importancia de estos estudios? La importancia reside en el hecho de que en este nuevo siglo a las enfermedades ya no se las llama enfermedades de órganos o de glándulas sino se las denomina enfermedades de moléculas. Esto se debe a que en cada enfermedad seguramente hay un defecto en alguna molécula. Este defecto puede darse por fallas en su síntesis en su degradación o en su mecanismo de acción. Estos defectos están determinados por fallas en algún gen que actúa dentro de estos mecanismos. Cuando la falla en este gen es germinal, estas enfermedades se transmiten en forma hereditaria.

Es por todo lo expuesto que el conocimiento detallado de la síntesis, degradación y mecanismo de acción de cada una de las hormonas del organismo es un elemento fundamental para incrementar la factibilidad de mejorar la calidad de vida de la gente.

El continuo estudio e investigación de los mecanismos mencionados son una herramienta fundamental para cumplir con este cometido.

10. Bibliografía

Thomas, G.; Podestá, E. y Gordon, J. (eds.): *Protein Phosphorylation and Bioregulation*, Basilea, Karger, 1980.

Sefton, B. M. y Hunter, T. (eds.): *Protein Phosphorylation*, Academic Press, 1998.

O' Malley, B. W. (ed.): *Hormones and Signaling*, Academic Press, 1998.

Alberts, B. y col.: *Molecular Biology of the Cells*, 4° edición, Garland, 2002.

Felig, P.; Baxter, J. D. y Frohman, L. A.: *Endocrinology and Metabolism*, 3° edición, McGraw-Hill, 1995.

Wilson, J. D. y Foster (eds.): *William Text Book of Endocrinology*, 9° edición, Saunders, 1998.

Sobre el autor

Ernesto Jorge Podestá es doctor en Bioquímica de la Universidad de Buenos Aires y profesor titular de la Facultad de Medicina. Es investigador superior del Conicet. Fue director del Departamento de Bioquímica Humana. Fue Subsecretario de investigación y Tecnología. Ministerio de Salud de la Nación y -Presidente del Consejo de Investigaciones en Ciencias de la Salud del Hospital Público, Gobierno de la Ciudad de Buenos Aires.

Actualmente es Director del Instituto de Investigaciones Moleculares de Enfermedades Hormonales, Neuro degenerativas y Oncológicas (INMHNO) de la Universidad de Buenos Aires.

Ha publicado varios libros y numerosos artículos en revistas nacionales e internacionales. Asimismo, ha recibido numerosos premios y distinciones.

Índice

Colección Ciencia joven

1. *Una expedición al mundo subatómico. Átomos, núcleos y partículas elementales*, Daniel de Florian
2. *Números combinatorios y probabilidades*, Ricardo Miró
3. *Las plantas, entre el suelo y el cielo*, Jorge Casal
4. *Introducción a la geología. El planeta de los dragones de piedra*, Andrés Folguera, Víctor A. Ramos y Mauro Spagnuolo (coords.)
5. *Biomateriales. Una mejor calidad de vida*, Gustavo S. Duffó
6. *Reproducción humana*, Marta Tesone
7. *La física y la edad de la información*, Marcelo J. Rozenberg
8. *Biodiversidad y ecosistemas. La naturaleza en funcionamiento*, Claudio M. Ghersa
9. *100 años de relatividad*, Diego Harari y Diego Mazzitelli
10. *Entre el calamar y el camello. O del control del medio interno*, Carlos Amorena y Alejandra Goldman
11. *Por los senderos de la noche. Guía de viaje para mochileros del Universo*, Pedro Saizar
12. *La física de los instrumentos musicales*, Javier Luzuriaga y Raúl O. Pérez
13. *La intimidad de las moléculas de la vida. De los genes a las proteínas*, Martín Vázquez
14. *El lenguaje de las neuronas*, Osvaldo Uchitel
15. *Biología marina*, Pablo E. Penchaszadeh y Martín I. Brögger
16. *El universo de las radiaciones*, Jorge Fernández Niello
17. *Construyendo con átomos y moléculas*, Índigo
18. *Evolución y selección natural*, Esteban Hasson
19. *El aire y el agua en nuestro planeta*, Inés Camilloni y Carolina Vera
20. *Respuesta inmune. Anticuerpos, alergias, vacunas y reproducción humana*, Ana Cauerhff, Guillermo Horacio Docena, Carlos Alberto Fossati y Fernando Alberto Goldbaum

21. *Contaminación y medio ambiente*, Daniel Cicerone

22. *El sol*, Marta Rovira

23. *Drogas hoy. Problemas y prevenciones*, Wilbur Ricardo Grimson

24. *El origen de los primeros Estados. La "revolución urbana" en América Precolombina*, Marcelo Campagno

25. *Investigación en cáncer y citogenética*, Christiane Dosne Pasqualini y Susana Acevedo

26. *El VIH/Sida desde una perspectiva integral*, Fundación Huésped

27. *El mundo mediterráneo entre la Antigüedad y la Edad Media 300-800 d.C*, Pablo Ubierna

28. *Introducción a la filosofía*, Francisco Bertelloni y Antonio Tursi

29. *Los juegos de Minerva. La historia de las ciencias de la naturaleza en trece escenas con comentarios*, Miguel de Asúa

30. *El derecho de elegir. Conversaciones con los jóvenes*, Héctor Shalom

31. *Biología Tumoral. Claves celulares y moleculares del cáncer*, Elisa Bal de Kier Joffé, Lydia Puricelli y Daniel F. Alonso

32. *La memoria animal: adquisición, persistencia y olvido*, Héctor Maldonado

33. *Una mirada fisicoquímica a través del vidrio*, Horacio R. Corti

34. *La razón de las hormonas. El porqué de las glándulas endocrinas*, Ernesto J. Podestá

35. *Citoesqueleto y vida celular*, Walter Berón, María Isabel Colombo, Luis Alberto López, Luis Segundo Mayorga y Miguel Ángel Sosa

36. *Los primeros americanos. Arqueología y bio-antropología de los primeros americanos*, Gustavo Politis, Luciano Prates e Iván Pérez

De próxima aparición

Nanotecnología. El desafío tecnológico del Siglo XXI, Galo Soler Illía

Genética humana y salud, Víctor Penchaszadeh

Las guerras de la independencia, Gustavo Paz

El ATP. El transporte y la energía, Juan Pablo Rossi y Gustavo Rossi

Se terminó de imprimir en el mes de septiembre de 2008,
en los talleres de **Gama Producciones Gráficas SRL**,
Estanislao Zeballos 244, (1870) Avellaneda, Pcia. de Buenos Aires.